ZHONGGUO SHUJI SHEJI YISHU

中国书籍设计艺术

顾作义　童雯霞　阮清钰　著

SPM
南方传媒

广东人民出版社
·广州·

图书在版编目（CIP）数据

中国书籍设计艺术 / 顾作义，童雯霞，阮清钰著.
广州 ：广东人民出版社，2024.10. -- ISBN 978-7-218
-18026-7

Ⅰ.TS881

中国国家版本馆 CIP 数据核字第 20246Y5Y11 号

ZHONGGUO SHUJI SHEJI YISHU

中国书籍设计艺术

顾作义 童雯霞 阮清钰 著

出 版 人：肖风华

责任编辑：王俊辉
责任技编：吴彦斌
装帧设计：书窗设计

出版发行 广东人民出版社
地　　址：广州市越秀区大沙头四马路10号（邮政编码：510199）
电　　话：（020）85716809（总编室）
传　　真：（020）83289585
网　　址：http://www.gdpph.com
印　　刷：广州市人杰彩印厂
开　　本：787mm×1092mm　1/16
印　　张：21　字　　数：310.5千
版　　次：2024年10月第1版
印　　次：2024年10月第1次印刷
定　　价：168.00元

如发现印装质量问题，影响阅读，请与出版社（020-85716849）联系调换。
售书热线：（020）87716172

弖 目录

前　言

　　书籍是人类进步和文明的重要标志之一，历经数千年的发展，至今依然是记录、宣告、阐述、贮存、传播知识的主要工具之一，是思想、文化、科学和文明延续的载体之一。即便在科技发展日新月异，传播手段越来越多元的当下，书籍仍有着其他传播工具或手段所不能替代的作用。如果说，书籍是人类文明进步的阶梯，那么装帧设计就是构建这个阶梯的重要组成部分，是书籍的"脸面"和"导引"，对书籍的传播、销售、使用、贮存等产生巨大的影响。

　　何谓书籍装帧设计艺术？简而言之，书籍装帧设计是包括封面、书脊、封底、勒口、环衬以及内文的版式设计、书籍材料设计和印制装订工艺设计的总和。它是指从书籍文稿到成书出版的整个设计过程，也是完成从书籍形式的平面化到立体化的过程，包含了构思创意、艺术思维和技术手法的系统设计，具有思想性、艺术性、整体性、系统性、创新性等特点。

　　书籍装帧研究专家张锲夫说："书何自始乎？自有文字，即有书。书装何自始乎？自有书，即有装。盖字不着于书，则行之不远。书不施以装，则读者不便。装者，束也，饰也，束之以免错乱，饰之以为美观也。"（《中国书装源流》"自序"）这段话简单明了地点明了书籍装帧艺术的起源。虽然书籍装帧设计作为一种出版行为自古有之，但作为一门独立的设计艺术门类，却是现代的事。随着科技水平的提高，书籍装帧观念的发展，以及各种数字化、电子化新型媒体的融合和加持，今天的书籍装帧艺术呈现越发繁荣绚烂的局面。

书籍装帧设计是可视的艺术，更贡献了可感的书香。今天我们从头审视其发展源流和演变，更加能感受其传承与创新、人文与科技的特质。

书籍装帧设计既是术也是道，是道与术的统一体。在书籍装帧设计中，既要注重术的展现，更要遵从道的引导。小而视之，它是一门技术，附着于书籍而存在，但其背后却有着独特的"不可须臾离"的道（即规律），指引着术的前进方向和发展路径。

书籍装帧设计既是技也是艺，是艺术与技术的结合体。在书籍装帧设计中，既要重视技术的运用，更要重视艺术创意的发生，不应简单从技术层面来考虑，更应从艺术审美的范畴来认识。尤其要注重各种用材、成本、工艺的可行性等。书籍装帧艺术性与功能性的完美结合，是审美功能与实用功能的完美结合。

书籍装帧设计既是形式也是内容，是形式与内容的结合体。在书籍装帧中，书籍装帧形式和表现必须服从于书籍内容，不能游离于内容而进行自由表达。随着装帧设计艺术门类的成熟发展，以及审美观念的深化，形式即内容，书籍装帧设计成为登上文化艺术舞台不可或缺的"配角"。

今天的装帧设计艺术，除了注重对传统意韵美、含蓄美、内在美、形式美的追求以外，还基于当代科技、心理学的发展等，进而基于图书市场定位与读者心理的准确把握分析，进行整体的全方位、精准化设计，更加强调具有内涵的人文美，新、特、奇的创意美和艺术风格的愉悦感。

作为延绵五千年、历史上唯一未曾中断的文明古国、最早诞生书籍的国家之一、为人类贡献了造纸术印刷术的古老国度，中国在图书出版上具有悠久的传统、光辉的成就。与之俱生的书籍装帧设计也具有着独特的表征和文化底蕴，呈现出与西方书籍装帧不一样的独特风貌。近代以来，西风东渐，西方现代书籍设计理念和印刷技术传入中国，对书籍装帧艺术产生了巨大的影响，图书设计家融汇中西，博采众长，以宽广的胸怀大胆拿来，使得这项艺术呈现出古为今用、洋为中用的特点。当代，随着互联网等科技的日新月异，阅读需求个性化定制的发展，出现了电子书、立体书等新装帧艺术形态，引领着未来的书籍装帧艺术发展趋向。

《中国书籍设计艺术》一书旨在展现书籍装帧艺术门类的独特文化风采，呈现源远流长的中国书籍设计艺术的皇皇大观和发展规律，以及其与人文、艺术、地域、科技、时代、政策等的密切关系和精彩互动，并希望通过这个独特窗口，展现中华文明的传承与创新、人文与科技的进步。

梳理源远流长的中国书籍装帧设计，我们不难发现其传承性和独特性。在从附生到相对独立、从共生到反哺的艺术发生史这条时间轴上，中国书籍装帧一直受到中华文化与科学技术的引领和带动，展现出传承与创新、守正与世变、内生与外入的特质，呈现如下的特征：

一是中国装帧艺术打上了源远流长的历史烙印。中国是世界上最早诞生书籍的国度之一，也是对世界书籍的技术实践、形制探索等有重大贡献的国家。这其中作为书籍重要组成的装帧设计，与书籍一同诞生，甚至早于传统意义上的书籍，并且因应纸张、印刷等技术的发明，而不断改进、完善，历经古代、近代、现代几千年的演变，形成了独特的材质、工艺和表达方式，中国出版的历史可以从中窥见一斑。

二是中国装帧艺术浸润着深厚的传统思想底蕴。中国经过五千年积淀的人文，形成了独特东方哲学的体系架构和思想风致。生长于斯的中国书籍装帧设计受其熏陶，得其浸润，在哲学底蕴、审美情趣、创意表现等都有所投射和反映，从而使其从诞生之初便有着独特风韵，即便后来西风东渐，有所变异，但经历一二百年的革新发展，善于继承传统、与时俱进的中国人也必将在求索和创新中继续坚持大道之行，更加注重主体性表达和独特性强调，余韵未歇。从这个意义看，中国装帧艺术是中国人的心灵发展史。

三是中国装帧艺术具有独特的美学表现和语言表达。中国书籍装帧设计在长期的探索中形成了具有东方韵味的美学语言表达，在审美理念、创意呈现、符号运用、技术应用等方面有着中式表达，在对色彩、线条、构图、空白的运用和点线面的结合等方面都有鲜明的民族特色和规律，注重对称与均衡、对比与调和、节奏与韵律、变异与秩序、变化与统一等，形成了文质兼美的独特风格、审美特性，以及中国人追求的特有的书卷气，可以说，中国装帧艺术已经成为中国人的审美表达。

四是保持开放包容的精神与时俱进以及与科技相融的创造性。中国书籍装帧设计是独立发展的系统，也是兼容并包的过程，有着继承过往、不忘所来的传统，更有着借鉴外来、面向未来、敢于开拓的精神。中国书籍装帧表现与科技进步的关系不可分割，科技发展对图书呈现方式、材料介质、印刷工艺、装订制作等方面的改变和推动，比比皆是，如书的形制（从龟甲、简帛到纸本图书，再到电子书）的演变、装订方式（册页、平装、精装、经折装、线装）的变革、印刷技术（雕版、活字印刷、石印、印刷机）的进步等。

时代不断变迁，书籍几经演绎，从无纸到有纸再到无纸，从实体到虚拟再到虚实合一，但无论如何，书籍装帧设计都将与书共存。变的只是载体，不变的是内容和形式。品质的时尚，风格的新颖，内容的时代性与装帧的美感度都是书籍存在和发展的前提，也是书籍装帧艺术生生不息的根底所在。

中国书籍设计艺术
ZHONGGUO SHUJI SHEJI YISHU

"本"源

中国书籍装帧变迁

第一章

中国的书籍装帧艺术史源远流长。一部中国书籍发展史与文字衍变、书籍形制的嬗变、时代审美艺术的发展密切相关，是中国传统文化发展史的重要组成部分。发端于商周时期的甲骨文开启了中国古代的书写传统，也为竖式排版从右到左的传统书籍设计奠定了基础；兴盛于先秦两汉的简帛具备中国书籍最初的形制，为纸本时代的到来贡献了灵感；东汉时期，蔡伦改进印刷术极速推进了中国书籍历史发展；唐宋时期造纸术与印刷术的结合开启了中国书籍史的全新时代——刻本时代。在书籍生产过程中，制书人将材料和工艺、思想和艺术、内容和外观、整体和局部等综合考虑，最终形成和谐、美观的整体艺术。

第一节

源远流长：古代书籍装帧设计

　　书籍是信息记录、储存、传播的重要方式之一。从形制上看，古代装帧的演进是非常缓慢的；从审美艺术上看，古代装帧思想多元丰富、异彩纷呈。古代装帧设计者将无穷的哲学智慧外化于书籍设计中，串联起书籍内容美与艺术美。在他们的手中，文字与艺术有机结合、彼此成就，一件件承载着厚重的中国文化的艺术品诞生了。从这个意义上说，研究古代书籍的装帧设计史实质上就是一个在观赏一件件珍宝的旅程，是深入体味中国文化内涵与审美哲学的历程。

一、摹"书"轮廓：古代书籍形制变迁与设计艺术

　　中国古代的书籍出版具有悠长且丰富的历史，其中最为直接和关键的演变大约就是书籍形制的变化。随着书籍生产所用工具和原始材料的不断进步，古人遵循着《考工记》中所说的"天有时，地有气，材有美，工有巧"的原则，书籍形制和装订结构不

断向更高效、更具可读性的方向发展，中国古代的装帧艺术为我们留下了无比珍贵的造书工艺。

（一）金石可镂：原始图书形制与装帧设计

语言的发明是人类文明进步的重要标志。人们通过语言来传递信息和积累知识，但人脑的记忆容量是有限的。为了更好地记录重大事件，人们发明了结绳记事法，他们开始通过各式各样的

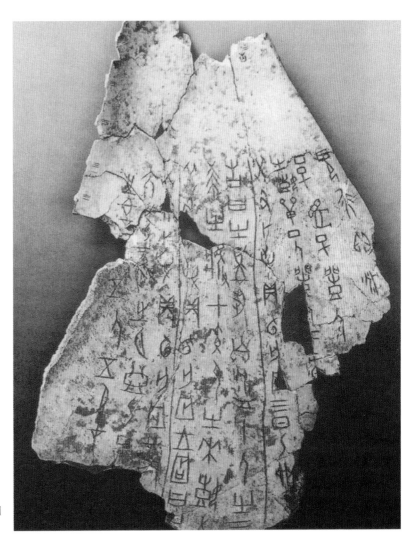

大型牛骨刻辞，中国
国家博物馆藏

绳结来区分不同的事件。有些部落开始通过雕刻和绘画的方式记录和传播重要事件，刻在山洞石壁上的文字符号和绘图是早期象形文字的代表。

在距今三千多年的商周时期，中国出现了甲骨文，这被众多学者认为是中国书写史的源头。清光绪二十五年（1899），时任北京国子监祭酒的王懿荣身患疟疾，差人从中药店购买了中药"龙骨"。在熬制的过程中，王懿荣从龟甲上看到了一些奇怪的符号。王懿荣学养深厚，是著名的金石学家、鉴藏家、书法家，他拾起这些龟甲仔细研究，最终确认这些刻于龟甲上的奇奇怪怪的符号是中国早期的文字！尘封三千多年的殷商甲骨文从此进入人们的视野，而王懿荣也由此成为发现和收藏甲骨文的第一人。此后，考古学家在河南殷墟发现了大量刻有文字的龟甲和兽骨。这些龟甲和兽骨上所刻的文字呈纵向排列，每列字数并不统一，主要依据甲骨的形状而定。龟甲和兽骨成为迄今为止我国发现的最早的作为文字载体的材料。

在简帛为载体以前，这种契刻的方式成为古代的主要书写方式。"铭乎金石，著于盘盂"（《吕氏春秋·求人》）。借助青铜、玉石等载体，大量宝贵的礼仪法度、历史事件、文学作品、书法艺术以契刻的方式留存下来、传播开去。商代后期，青铜器铭文出现，这种文字在历史上也被称为"金文"，当时的青铜器上大多是出于统治者的意志而记录的一些重大事件的文书。商周中晚期，青铜器铸造技术得到长足的发展，人们能够生产出体积远大于别的容器的青铜器，因此在青铜器上可以铭刻更多的文字。青铜器为王室所用，象征着权力与荣耀，人们将国家大事刻于青铜器物件上，青铜器于是成为文化传承的重要媒介。

清道光二十三年（1843），西周晚期的青铜器毛公鼎出土于陕西岐山（今宝鸡市岐山县）。此器高53.8厘米，腹深27.2厘米，口径47厘米，重34.7千克，腹内有铭文。毛公鼎铭文长度接近500字（有497字、499字、500字三说）。铭文内容叙事完整，记载详实，被誉为"抵得一篇《尚书》"；铭文笔法圆润精严，线条浑凝拙朴，显示了皇家庄重的古典美。

除了甲骨和青铜器，文字契刻的载体还有玉石。周代曾以"玉版"为材料进行文字的书写。《韩非子·喻老》中记载：

西周晚期青铜器毛公鼎，台北故宫博物院藏

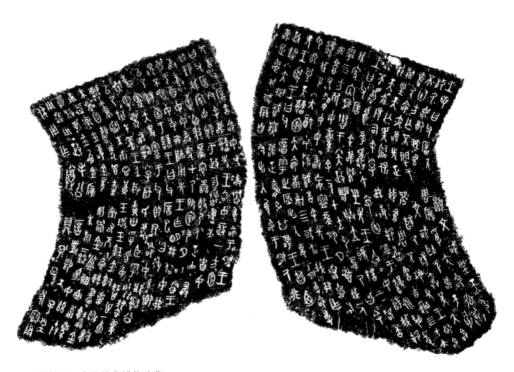

毛公鼎铭文，台北故宫博物院藏

"周有玉版，纣令胶鬲索之，文王不予；费仲来求，因予之。"《史记·太史公自序》亦载："周道废，秦拨去古文，焚灭《诗》《书》，故明堂石室金匮玉版图籍散乱。"裴骃《集解》引如淳曰："刻玉版以为文字。"石刻作品中，"秦刻石"很是出名。秦始皇五次出巡、七次刻石，内容颂扬皇恩、祈神求福，显示了皇权威力。汉代四大碑文——《曹全碑》《礼器碑》《张迁碑》《史晨碑》代表了汉代书法的最高境界。

在今天看来，契刻的文字自有其审美特点。这些文字受限于刻字工具，笔画难以流转自如，但却在横平竖直、瘦劲挺拔间体现出一种古朴刚直的立体感。其排版错落有致，文字布局随载体而适，有一种神秘的伟力与庄严盛大的美感。

这些承载了中国传统文化历史的契刻文字被部分史学家认为是古代"原始书籍"的形式之一。在纸张普及以前，金石契刻承

东汉《永元器物簿》

担了传播文化的使命。金石质料昂贵，契刻费时，工程浩大，承载的内容十分有限。金石文化的美学意义对后世书籍装帧文化有所启发，比如印章即为金石刻法的运用。精致古朴的印章屡见于明清书籍之中，不仅起到署名、装饰的作用，还展现了个性，具有收藏价值。石刻与纸本的完美结合，成为中国古代装帧史上一道光辉灿烂的风景。

（二）连篇累牍：简册书籍的装帧设计

许慎在《说文解字·序》中说："著于竹帛谓之书。"简册是我国最早的正规书籍形式，大约起源于西周后期，一直沿用到4世纪，是我国历史上使用时间最长的书籍形式，也是造纸术发明之前以及纸张普及之前最主要的书写工具。简册对中国书籍文

化产生了极为重要的影响，后世书籍一直沿袭的文字书写顺序，现今仍在使用的一些书籍单位、称谓、术语，以及版面上的"行格"形式，都可以追溯至此。

"简"与"牍"都为古代写字用的木片，"简"是长条狭窄的木片，"牍"是稍宽的木片，故常合为"简牍"。简牍的材质包括竹与木。简牍做成的简册书，从制作流程和原材料上看，已经具备了书籍装帧的一些初级形态。简册书的原材料主要使用的是竹子和木材，制作工序是首先把竹子或木材削磨加工成统一规格的片状，随后放置在火上烘烤，直到木头中的水分被全部蒸发，这一步主要是为了防止虫蛀和变形，以免不利于书籍的保存。烘干竹片后即可在上书写文字，具体的书写规范仍沿袭以往的竖行习惯，自上而下、由右向左进行书写。

考古发现的大批珍贵古代实物证明了简册书有各种各样的形状，长条形、长方形、楔形、棱形以及上圆下方形等。比如棱形木牍有七个书写面，易于制作，可以刮削且能反复使用。因简牍的形状不一，长宽皆无定数，其容纳书写的空间也就不同。为了能为文字书写提供更多的空间，提升简牍的利用率，人们开始扩大简牍的面积，将其加宽加长。原来每枚简牍仅能书写一行至两行文字，继而出现了能书写七八行甚至十行的情况。即使如此，简牍仍然不能满足当时的书写需求，于是，人们想到将单个通过革绳串联，形成的多个简牍的组合，即是后来的"简策"（即"简册"）。编联多少个简牍可以根据文章字数的多少灵活而机动地决定，此时的一个简牍只书写一行字，最后再用两根绳子捆住全部简牍的头尾，非常方便储存。编织的方式还有苇编、丝编等，考究者还会将其放入专门的小袋内保存。"韦编三绝"这个成语最早见于西汉司马迁《史记·孔子世家》，本指孔子勤读《易经》，致使编联竹简的皮绳多次脱断，后比喻读书勤奋，治学刻苦。其中"韦编"即指古代用竹简写书，用熟牛皮绳把竹简串联起来。

据史料记载，商周时代其实存在着简牍、甲骨、青铜器、玉石、缣帛、陶器等多种文字书写载体。故王国维在《简牍检署考》中言："书契之用自刻画始，金石也，甲骨也，竹木也，三

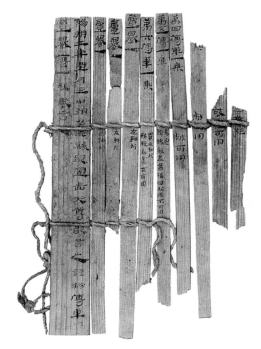

悬泉置出土《传车簿》简册

者不知孰为先后，而以竹木之用为最广。"①从发现的材料来看，王国维提出的"不知孰为先后"已有答案，而其"以竹木之用为最广"的判断是可信的。这些载体之间并不是非此即彼、继承替代的关系，它们处于一种"共生"的状态，并应用在各个需要书写和记录的环节之中。在这几种媒介之中，简册是最主要、最普遍的，多应用于政治、文化、宗教、经济、军事和日常生活等各个领域。

简册是对当时王朝统治和国家统一贡献最大的传播形式，诰令文书、历史记载、占卜祝祷、刑法契约、户籍地图、诗歌、书籍等均有使用简册来记录。商周将册命与其他王命书于简册，简书就成为了王权使命的传播工具，甚至可以说成为了王朝的统治工具。但是，为什么在一众的媒介之中选择了简册而非甲骨、青

---

① 李零：《三种不同含义的"书"》，《中国典籍与文化》2003年第1期。

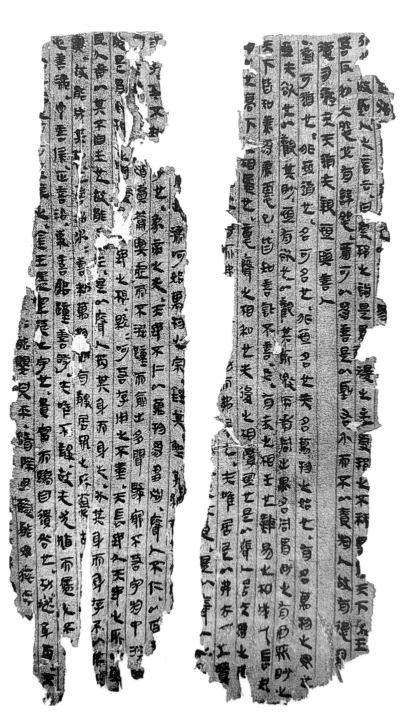

长沙马王堆出土《老子》乙本帛书（局部）

铜器、玉版等其他形式，甚至国家整体对简册的重视就高于其他媒介？这主要离不开简册自身便于携带和成本低廉的两大特点。

简册具有便于书写和携带的特点，一般一篇文章就是一册。简册以外的载体如甲骨、青铜器、玉版等都不能用普通的笔书写，也不能随身携带或不便于携带，只有简册既可以书写又可以携带。能够书写与携带，就能很大程度上提高传播的速度与广度。古代中国幅员辽阔，各地语言迥异，中央政府需要及时地将信息传播至地方，各地要经常沟通交流，就必须要有一个适用于全国的沟通工具，而最具有空间传播能力和传播效率的只能是简册。由此可以看出，简册对于巩固大一统的国家，在全国范围建立有效的传播交流机制，从而促进文明进步起到了关键的作用。

简册还具有取材方便，制作简单，成本较低的特点。简册以外的载体，比如甲骨、青铜器、玉版等，需要用到的原材料基本都是珍贵的器皿，比较昂贵、稀有。尤其是甲骨，在充当文字载体的同时也是一种巫师的占卜工具，原始宗教赋予了占卜工具极大的神秘性，这也决定了甲骨难以成为普通的传播载体。

"帛"常与前文所提及的"简"合称为"简帛"。"帛"指的是帛书，即写在丝织品上的书。《晏子春秋》记载齐景公与晏子的一段对话："昔吾先君桓公，予管仲狐与谷，其县十七，著之于帛，申之以策，通之诸侯。"桓公封给管仲狐与谷等地的事写在帛上，用简策写成文书，通知诸侯。这说明春秋时期已有帛书。《墨子·明鬼篇》记载："书之竹帛，传遗后世子孙。"《韩非子·安危篇》亦载："先王寄理于竹帛，其道顺，故后世服。"这些文献表明，竹与帛合制的"简帛"，帛是中国书籍的早期形态。简帛时代形成的书籍用语如卷、册、篇、编、版等为后世所沿用。1973年，长沙马王堆汉墓出土的古书中有帛书版《老子》，这个版本的装帧相当考究：丝帛上朱砂画好朱丝行格，每行宽6—7毫米，每篇以墨钉为始，毛笔书写，右往左直行排列，字的行列与纬丝方向一致，存152行，16000多字。字体是早期的隶书，具有拙朴简淡和流畅工整的特点，是研究汉字演变及书法艺术的珍贵资料，展现了古人精湛的书写技艺以及高超的审美水平。

图书馆学泰斗钱存训在《书中竹帛》中说道："刻在甲骨、

金属、玉石等坚硬物质上面的文字，通常称为铭文；而文字记载于竹、木、帛、纸等易损的材料，便通常称为书籍。"①如果说文字的发明打开了中华文明的大门，那么简帛的发明就是中华文明发展的催化剂，简帛对于中华文明的丰富、发展及延续具有不可替代的历史意义。

（三）卷舒自如：卷轴书籍的装帧设计

卷轴装又称"卷子装"，卷轴装是由简册卷成一束的装订形式演变而成，其方法是在长卷文章的末端粘连一根轴（一般为木轴），将书卷卷在轴上。卷轴装始于帛书，它在沿用简书和帛书基本形式的基础上进行了一定的拓展，在南北朝到隋唐五代时期广为流行，现代装裱字画仍沿用卷轴装。

"缣"指细密的绢。帛书上的文字是直接写在缣帛之上的。卷轴装的卷首一般都粘接一张叫作"裱"的纸或丝织品。裱的质地坚韧，并不用于写字，对书籍发挥保护的作用。在卷轴装广泛应用之前，缣帛是比较常用的书写材料，与今天用于书画的丝绸大致相同。但是，缣帛制成的帛书，由于材质柔软，易于折叠，在书写和阅读时非常容易变形。此外，缣帛材料价格昂贵，不适合民间使用。②因此，迫切需要一种兼具简册和帛书优点的新型书籍形态出现，卷轴装就是在这样的情况下应运而生。

卷轴装一般是指在纸、绢上书写或印刷图形内容；然后将"褾"用作衬里并将其安装在"卷"上；卷轴的尾端再安装一根"轴"。轴通常是一根用漆皮制成的细木棍，也有一些用珍贵的材料制成，如象牙、紫檀、玉、珊瑚等。卷的左端卷入轴内，右端在卷外，前面装一张纸或丝绸，称为"褾"或"包头"。褾的前端系好，用丝带捆扎书卷，称作"带"。大多数卷轴装订的书都带有一个套子，俗称"帙"，也称"书衣"——从某种程度上

---

① 李零：《三种不同含义的"书"》，《中国典籍与文化》2003 年第 1 期。
② 王萌：《开卷有益——中国古代书籍设计中的卷轴装形态研究》，山东艺术学院 2014 年硕士论文。

《钦定四库全书简明目录》，故宫博物院藏

来说，这也是今天封面的一种雏形。《隋书·经籍志》中记载，卷轴"分为三品：上品红琉璃轴，中品绀琉璃轴，下品漆轴"。卷轴的存放方法是平放于书架上，轴的一端朝外，系有书签，书签上标明了书名和卷次，以便抽取和翻阅。

卷轴装在保留竹简左右横向延伸特点的基础上，舍弃了沉重的竹木材料，选择了柔软轻巧的丝绸、缣帛作为"轴身"，并在卷轴的左右两侧安装了"轴杆"和"檩杆"用于支撑容易褶皱和变形的缣帛。写文章时可以通过拉动"轴"铺平缣帛，缩回时以轴为中心卷曲，用固定在拉杆中间的"系带"将卷好的卷轴绑起来，非常轻巧，携带也很方便。①

东汉末年，蔡伦改进了造纸术。与缣帛相比，纸张更便于携带，生产成本大大降低，逐渐发展成为主要的书写载体，广泛用于古代卷轴装书籍的设计和制作之中。

魏晋南北朝时期，以缣帛、纸张为材料的卷轴装书籍形态基本取代了竹简、木牍，成为中国古代书籍设计的主流形式。隋唐时期，随着造纸业的繁荣，纸质卷轴装的形式逐渐在民间普及。随着卷轴装书籍形态的不断发展和完善，其到了隋唐时期已经逐渐成熟。《续高僧传》卷二中有"《大集》卷轴多以三十成部"的文字记载，说明在隋唐时期卷轴装已被广泛使用，具有一定的规模。

---

① 王萌：《开卷有益——中国古代书籍设计中的卷轴装形态研究》，山东艺术学院 2014 年硕士论文。

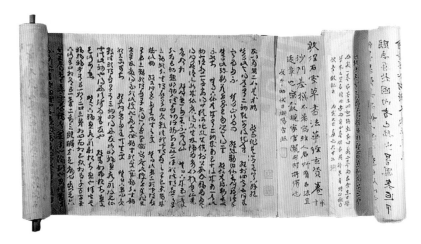

《敦煌草书》

　　唐代社会安定，经济繁荣，与周边国家和民族的文化交流也十分频繁，呈现出文化大融合的繁荣景象。由于官僚阶级和人文雅士对卷轴装的重视，卷轴装的制作水平也有了很大的提高，人们对卷轴装的制作材料和各部分的装饰都极为讲究，用奢华材料制成的卷轴装书籍在上流社会迅速发展并盛极一时。《唐六典》中写道："其经库书，钿白牙轴，黄带，红牙签；史库书，钿青牙轴，缥带，绿牙签；子库书，雕紫檀轴，紫带，碧牙签；集库书，绿牙轴，朱带，白牙签。"①可见，当时的部分卷轴装堪称奢华。

　　唐代文化艺术的繁荣使得文人墨客的艺术创作十分活跃，诗歌和曲赋的发展达到了高峰。这种文化的兴盛也促成了古代卷轴装书籍形态的发展。北宋文学家欧阳修在《归田录》中说："唐人藏书，皆做卷轴。"可见，卷轴装书籍形态发展到唐代已经是一种比较流行的书籍形式了。

　　从东汉到宋初，纸质卷轴书一直被沿用。从帛到纸，卷轴装在中国装帧艺术史上有其开创之功。卷轴装书籍的应用，使文字

———————

① 王萌：《开卷有益——中国古代书籍设计中的卷轴装形态研究》，山东艺术学院 2014 年硕士论文。

排版更加规范，行列有序。与简册相比，卷轴装可以自由伸缩，并且根据文字的多少随时剪裁，更加方便。卷轴装书籍形式，几乎退出了今天书籍装帧的大舞台，但是，在书画装裱方面仍有应用。卷轴装材质轻盈，书籍体量适度，翻阅时要小心翼翼，捧于手中有一种强烈的仪式感，能够唤醒读书人焚香沐手的虔诚感，这种温润、神圣的感觉与中国传统文化中儒雅隽永的气质相得益彰，营造了中国古代装帧超然脱俗的审美境界。

（四）纸墨翩翩：册页书籍的装帧设计

造纸术是人类文明史上一项伟大的发明。纸张的出现对于文字书的发展具有划时代的意义。1933年，考古学家黄文弼在新疆罗布淖尔古烽燧亭中发现了西汉古纸，此纸麻质，白色，作方块薄片，质甚粗糙，不匀净，纸面尚存麻筋，纸幅约为4厘米×10厘米。1986年，考古学家在甘肃天水放马滩发现了纸质地图的残页，材质为麻纸，将纸张出现的年代推至西汉初年之前。东汉末年，蔡伦改进了造纸术，用树皮、麻头、敝布、渔网作纸，人称"蔡侯纸"。造纸术的革新引发了书写材料的革命，纸张的推广与普及，极大地方便了人们的书写，便利了文化的保存和交流，推动了文化的发展。

古纸

　　隋唐时代产生的宣纸有"纸中之王，千年寿纸"的美誉。宣纸主要集中在泾县一带，因唐代的泾县、宣城等均属于宣州管辖，故宣纸或因此得名。唐代书画评论家张彦远在《历代名画记》中说道："好事家宜置宣纸百幅，用法蜡之，以备摹写。"据《旧唐书》记载，天宝二年（743），江西、四川、皖南、浙东都产纸进贡，"宣城郡船载空青石、纸、笔、黄连等物"。《新唐书·地理志》和《唐六典》上记载"宣州贡纸、笔"等文字，可见该地所产纸、笔在当时已名冠神州。南唐后主李煜曾亲自监制的"澄心堂"纸更是宣纸中的珍品，它"肤如卵膜，坚洁如玉，细薄光润，冠于一时"。北宋文豪苏轼在获得朋友所赠的"澄心堂"纸后赋《次韵宋肇惠澄心纸二首》以谢，其中一句为："古纸无多更分我，自应给札奏新书。"可见苏轼对"澄心堂"纸的喜爱。

宋四家之一的蔡襄用澄心堂纸写就的《澄心堂帖》

这个时期书籍自身形式走向简洁，同时册页形态出现的其中一个重要原因，是印刷术的发明。唐代，刻板书开始流行，到宋代已经形成了规模庞大、形式正规的印刷体系。宋代雕版印刷术与之前最大的区别在于，它不再是长卷格式，而是将要雕刻的手稿刻成一块木版，分页印刷，然后将页装订在一起，彻底改变了过去粘贴的装订工序。自此，各种精细、具体、巧妙的装帧形式也开始相继登上历史舞台，让书籍拥有了更加完整和曼妙的形态。

清代藏书家、版本学家钱曾评价木版印刷在《独树·民秋记》中的作用，说："北宋以来，书刊出世，装饰技艺精湛。"他指出，木版印刷的出现给一种古老的装订形式带来了革命性的变化。然而，书辑形式的发展也经历了一个漫长变化、不断调整和逐步完善的过程。此后，各种精美、具体、巧妙的装订形式也开始出现在历史的舞台上，赋予了书籍更加完整、美观的形式。

正由于宣纸具有"韧而能润、光而不滑、洁白稠密、纹理纯净、搓折无损、润墨性强"等特点，对于保留文献、创作书画等起到了重要的作用。"墨分五色"，这表明宣纸的润墨性强，一笔落成，深浅浓淡，纹理可见，墨韵清晰，层次分明，由此极具中国传统艺术风格的水墨作品应运而生。

墨是文房四宝之一。早期，墨的计量单位是"枚"，东汉应劭《汉宫仪》卷上记："尚书令、仆、丞、郎，月赐隃糜大墨一枚、小墨一枚。"在人工制墨发明以前，书写者一般利用天然墨或半天然墨来作为书写材料。早在距今约5000年的新石器时代，古人已用矿物墨进行绘图。姜寨遗址（今陕西省西安市临潼区姜寨）出土了一套绘写工具，有石砚、砚盖、磨棒、陶杯各一件，以及数块黑色颜料。东晋王嘉《拾遗记》记有"剡树汁为墨"，"剡"通"刻"，刻取深色的树汁以成"墨"，这可视为"植物墨"。《文房四谱》记载，"乌贼鱼腹中有墨，今作好墨用之"。以乌贼排出的墨液为墨，这可视为"动物墨"。矿物墨、植物墨、动物墨都属于天然墨。天然墨质地较差，难以满足文字在缣、纸上的书写要求。汉末，韦诞对制墨的方法做出改进。他以松枝烧取"好醇烟"，然后捣细、筛选，以一定的配方合胶和

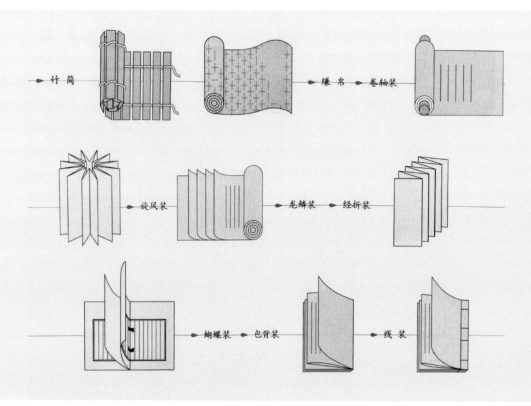

中国传统书籍形式演变（来源：吕敬人《书艺问道》）

加药料，再捣3万杵以上，并对合墨的时令、环境都有讲究。韦诞发明的制墨法对后世影响极大。

在高超的中国文人手中，笔墨相协，共同打造了属于东方文明的水墨风格。如今，这种水墨风格仍在书籍装帧中广为使用。代表着中国文化的水墨元素已成为一种视觉设计语言，其中"简意风格"书籍装帧贡献了版式简洁、意境丰富又极具东方特色的设计理念和方法，契合了大众审美和时代需求。

二、正"籍"衣冠：书籍装帧形式演变与设计风格

中国古代书籍装帧形式的演进与制作原料的选择、制作方式的变化以及社会需求的发展息息相关。中国古代纸质文献的装帧形式多样，主要分为卷轴装、经折装、蝴蝶装、包背装、线装等。书籍的装帧具有装饰和保护图书的作用，是艺术性与实用性的合理交融。中国书籍装帧设计风格的演变体现了古人对功能与审美的双向追求，每一种装帧结构都是东方智慧的结晶。

（一）首开先河的旋风装

旋风装是中国古代图书的一种装帧形式，亦称"旋风叶""龙鳞装"。旋风装从卷轴装演变而来，它在形式上与卷轴装相似，由一片长纸做底，首页全裱穿于卷首，自次页起，鳞次向左裱贴于底卷上。宋代张邦基《墨庄漫录》形容其"逐叶翻飞，展卷至末，仍合为一卷"。这种装订形式的特点是外卷长，内页却匀称，便于翻阅，利于保护书页。

故宫博物院藏唐代吴彩鸾手写、唐代王仁熙撰的《刊谬补缺切韵》用的便是这种装订形式。全书有24片叶子，叶子高约25.5厘米，长47.8厘米。除了第一片叶子是单面书写以外，其余23片叶子都是双面书写。装订方法是以长条纸为底，右侧装首叶。其他叶子则是将最右边的边距向左一页一页地转动，并在第一页末端的底纸顶部等距离粘贴，装好的形状看起来似龙鳞。存放时从右向左卷起，外观为卷轴式，但打开时，除首叶外的所有其他叶子都可以一页一页地翻动。南宋张邦基《墨庄漫录》曾谈到这本旋风装："成都古仙人吴彩鸾善书小字，尝书《唐韵》鬻之。今蜀中导江迎祥院经藏、世称藏中《佛本行经》十六卷，乃彩鸾所书，亦异物也。今世间所传《唐韵》犹有，皆旋风叶。字画清劲，人家往往有之。"① 从记载可知，当时的佛经、韵书，都使用

---

① 康素娟：《从卷轴到册页看中国书籍形式的主流演化》，《西安社会科学（哲学社会科学版）》2008年第1期。

旋风装。

卷轴装书籍流行于魏晋南北朝时期，但如果读一卷文章的中间或结尾，很难直接锁定内容，得需打开全卷内容一点点翻找，给文献查阅带来了很大的不便。旋风装的改良工艺解决了阅读不便的问题。宋欧阳修在《归田录》中谈及："凡文字有备检用者，卷轴难数卷舒，故以叶子写之。"有学者认为，旋风装是我国古代书籍装帧形式由卷轴装向册页装发展的早期过渡形式。它既具有册页装逐页装订的特点，又保留了卷轴翻卷的储存习惯。旋风装是册页制度萌芽状态的特有形式，为册页形式的出现奠定了坚实的基础。展卷时形似龙鳞，收卷时好似旋风——旋风装自带盛大之美，开阖展阅之间让人能够将唐代气魄宏伟、严整开朗的风格尽收眼底。

（二）神圣严肃的经折装

经折装，又叫折子装，顾名思义，与"佛经"有关，是佛教教徒对佛经装帧方式的一种改革。经折装将卷子长幅改作折叠，成为书本形式，前后粘以书面，承卷轴装演变而来。凡经折装的书本都称"折本"，现为法帖装帧形式之一，常见于拓本碑帖，纸本奏疏亦采用这种形式，故有"折子""奏折"之谓。

"折"可以理解成折叠，经折是折叠佛教的经卷，其特点是在单面书写，收展便利。清代的高士奇在《天禄识余》对经折装的产生原因有简单的描述："古人藏书皆作卷轴……此制在唐犹然。其后以卷舒之难，因而为折。"①唐朝时，卷轴盛行，且唐朝也是我国佛教发展的鼎盛时期。随着唐代佛教文化的蓬勃发展，人们逐渐需要大量阅读佛教文献经典，尤其是佛教弟子诵经时一般正襟危坐，姿态端正，如果使用卷轴，会给僧尼诵读经书带来很多不便。于是，经折装率先用于佛经装订。

经折装将要书写和印刷的书页粘成一长条，然后按一定的行数或一定的宽度连接左右，折成一个长方形，然后在两端粘上

① 刘昕：《经折装绘本创作研究与实践》，湖南大学 2019 年硕士论文。

乾隆版《大藏经》，故宫博物院藏

一张厚纸，制成书皮。学者一般认为这种佛经装订形式出现于晚唐五代时期，自宋元以来已普遍使用在佛经上。斯坦因《郭煌取书记》谈及他发现的一册经折装佛经："又有一册佛经，印刷简陋，然颇足见自旧型转移以至新式书籍之迹。书非卷子本，而为折叠而成，盖此种形式之第一部也。……折叠本书籍，长幅接连不断，加以折叠，最后将其它一端悉行粘稳。于是展开之后，甚似近世书籍。"敦煌也发现两面书写的经折装，先从正面由右向左抄写，再从右向左翻到背面继续复制。至于常见的印刷品和刻本，则一般都是单面印刷。

随着社会和文化的发展，人们阅读书籍的需求越来越大，卷轴书已经不能满足新的需求。而且阅读卷轴书的中后部也必须从头打开全本，阅读完还要再卷起来，非常麻烦。书籍装订形式的发展至经折装已经完全脱离了卷轴装的形式，更贴近册页书籍的装订。经折装的出现极大地方便了阅读和存储，其形状与现在的书籍十分相似，甚至至今还被用于装裱字画、碑文等。

经折装是中国传统书籍装帧艺术的一种典范，它体现了我国古代书籍装订高超的设计思维和制作工艺。它"处其实，不居其华"，让人有"视之不见"之感。虽然是看似简单的设计，却恰恰体现了传统书籍设计中自然无痕的设计智慧，在材料和工艺之中无不体现出精湛的工艺。

经折装在外观上与梵夹装很相似，它保留了梵夹装里的上下两块矩形夹叶板作为封面和封底，但在内页上摒弃了梵夹装的"夹"的方式，取而代之的是经折装中"折"的形式，在内页材料上用纸代替梵夹装中的贝树叶，并在形状上增加了长宽，使其在形式、材料、视觉和外观上都更具特色。在封面上，经折装使用的是较厚的木片或纸板，使书籍易于存放和携带，同时还形成了封面厚实与内页纸张柔和的对比之美，它在形式和材料上都充满了质感和美感。

经折装在制作材料、工艺、表现形式等诸多方面都继承和发展了中国传统的装帧艺术。无论是整体还是细节，都独具匠心。它比普通的书籍设计更加细致且富有独创性，这些设计即使放到现在，它的工艺之美也依然散发着巨大的艺术魅力。敦煌文献专家方广锠曾表示，经折装是流传千年的中国佛教经典中最为正统、规范的装订形式。经折装既富有极其完备的实用属性，又折射出了博大精深的传统文化色彩。

从实用方面来看，经折装的开本接近现在的32开，页面比例匀称，在便于收纳的基础上，还具备更高的观赏性。经折装在梵夹装的基础上改进后，版面得到了放大，版面的内容和元素也更加丰富，还可以插入图画，使得文字的表达更加清楚和全面。此外，将折页舒展开的形式也赋予了"阅读"这一行为的仪式感。人们既可以按顺序阅读也可以按需求自由选择内容阅读，极大地增强了人们的阅读体验，也使得人与书之间的联结更加紧密且自然。

从文化意义上看，经折装的封面、封底和折页叠放在一起，四面留白，这是中国传统文化中"天地人"理念的体现，这一理念是我国儒道两家文化融合的结果，这一理念在书籍形制上的体现是一种东方化的符号再现，蕴含了深厚的哲学意义。

（三）雅致端正的蝴蝶装

卷轴装不方便阅览，叶子也很容易丢失，于是经折装应运而生，但是经折装折叠的方式使得折痕处的纸质脆弱，时间久了容易出现破损甚至断裂，这种情况催生了书籍装订形式又一次进化，形成了册叶形态。雕版印刷在唐、五代时期趋于盛行，具有相当大的印刷数量，以往的书籍装帧形式已难以适应飞速发展的印刷业。经过反复研究，人们发明了蝴蝶装。它的装订方法是以版心为中缝线，以印字的一面为基准，将上下半版字符对折，以一定数量的叶子为一摞，将折叠的边缘向右戳形成书脊；然后在书脊处用浆糊将叶子相互粘贴；最后再准备一张和书页差不多大小的较硬较厚的纸，将纸从中间对折出与书册厚度相同的折痕，作为封面和封底贴在制作好的书脊上，再修整一下边缘，一本蝴蝶装书籍就完成了。

从外观上看，这种装订形式与现在的平装书非常相似。翻开时，书页的中轴处刚好是蝴蝶的心脏，翻开书页时，两边展开，就像一只挥动翅膀、翩翩起舞的蝴蝶，蝴蝶装因此得名。蝴蝶装只需用浆糊粘贴，所用的浆糊一般用桑树汁、飞面、白芨末3种调和而成。不用线就可以很牢固。

对于蝴蝶装的流传，《明史·艺文志》记载："文澜阁藏书皆宋元所遗，无不精美，书皆倒折，四周外向，虫鼠不能损，此

蝴蝶装《册府元龟》

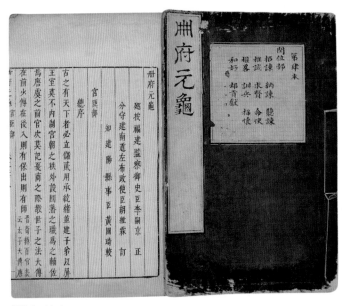

《册府元龟》

即蝴蝶装也。"今天藏于国家图书馆的宋刻本《册府元龟》、宋刻本《文苑精华》，均为蝴蝶装。

蝴蝶装最值得称道的地方在于它彻底革新了书籍装订的形式，它适应了雕版印刷一页一版的特点，将书籍装帧形式由卷轴装彻底改变为册页装，完成了从卷轴到册页的演变，是宋代书籍的主要装帧形式，具有划时代的意义，在我国古代书籍史上具有非常重要的地位。蝴蝶装对包背装、线装，甚至现代书籍的装帧都产生了极大的影响。虽然蝴蝶装还是有一些不完善的地方，比如在阅读的时候，经常会遇到背面没有文字，需要翻过去才能看到文字的情况，除此之外还容易掉页，但是瑕不掩瑜，其在客观上的确提高了人们阅读书籍的效率，也使得阅读行为更加方便。

蝴蝶装不仅在宋元盛行，在宋元以后，包背装和线装书都已成为当时的主流装订方式之后，蝴蝶装也没有消失，而是与多种装帧方式共存。清代著名藏书家黄丕烈就偏好于蝴蝶装书籍，甚至重金购买宋代蝴蝶装原本进行改良，后人将他改装的蝴蝶装称为"黄装"。

一方面，蝴蝶装与雕版印刷技术的结合提升了书籍的量产效率，促进了宋代书籍产业化的形成，为大众阶层的文化消费提供了便利；另一方面，书业的火爆发展带来了书籍产量的激增，也导致书籍价格走低，越来越多的人有机会读书。寒门指望通过读书来改变命运，打破阶层禁锢，于是便出现了"万般皆下品，惟有读书高"的风气。当这些理念投射到国家和社会层面，各地都开始兴办书院、私塾，读书的人越来越多。印刷书籍的普遍推广和价格的下降让社会底层的寒门子弟买得起书籍，为他们读书和通过科举考试实现社会地位的提升提供了便利，也成为统治阶级提供教化和管理的工具。

除此之外，中国自古代以来一直有着记录历史的传统，注重文献的保存，这些文献古籍对于文明的留存以及延续有极其重大的意义。宋代以蝴蝶装这种形式为主，整理印制了大量较为古老的藏品和书籍，促进了文化的传播与经典的延续，更为后人留下了大量可供研究和借鉴的历史资料，也促进了宋代文明的丰富和发展。宋代出版的书籍不仅行销全国，有的还通过一些边境的商贩流通到了国外市场，促进了文明的交流互鉴，成为跨越疆域、推动文化交流的媒介。

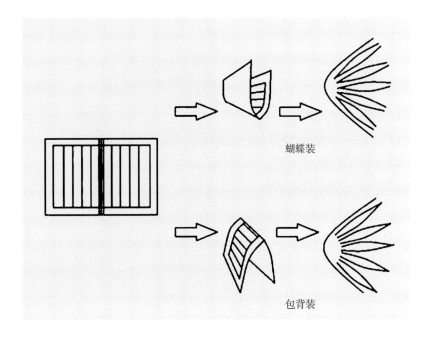

蝴蝶装

包背装

（四）承上启下的包背装

虽然蝴蝶装具备很多优点，但也如上文所说存在着一些缺陷。张铿夫在《中国书装源流》中说："盖以蝴蝶装式虽美，而缀页如线，若翻动太多终有脱落之虞。包背装则贯穿成册，牢固多矣。"因此，在元代，包背装便在蝴蝶装的基础上开始流行起来。

包背装又称裹后背，它的装订方式与蝴蝶装恰好相反，其装订结构是将书页背对背地正折起来，使有文字的一面向外，版口作为书口，然后将书页的两边粘在书脊上，再用纸捻穿订，最后用整张的书衣绕背包裹，最后将书皮贴在书背上。

包背装大约出现在南宋末年，历经元明至清代，盛行数百年。明清时期，内府所刻的书一般采用的就是这种装帧形式。包背装克服了蝴蝶装背面外露的缺点，并改浆糊粘贴为纸捻固定，使得书籍内页更加紧实地结合，解决了蝴蝶装容易掉页、散落的问题。从形态上看，包背装其实与今天书籍相差无几。

明朝的《永乐大典》采用的就是包背装，外加黄绫书衣与硬面宣纸的组合。清代的《四库全书》也采用包背装的装订方式，书衣分为四种颜色：经部绿色绫衣，史部红色绫衣，子部蓝色绫衣，集部灰色绫衣。由于包背装开口的位置直立放置时书籍页的边缘容易受到磨损，所以一般都会采用质地

冷枚《春闺倦读图》

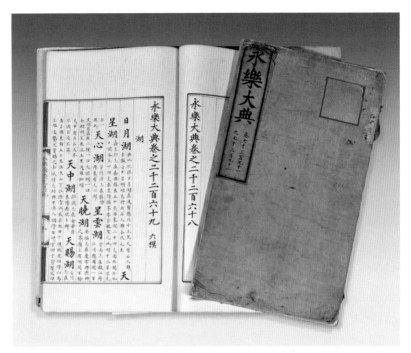

包背装《永乐大典》

比较柔软的书套减少摩擦，摆放也是平放。

包背装与蝴蝶装相比虽然进步了很多，但是也存在一些缺点，比如不方便反复阅读；不利于长期收藏和保存等。

（五）实用美观的线装

相较于蝴蝶装，包背装图书的装订及使用会更加方便，但装订的流程仍比较复杂，所以包背装流行不久即被线装所取代。由于包背书经不起反复翻动，书页容易散落，为了解决这一问题，从明代中叶开始，出版商开始用线装书代替包背装。在书页的一侧空白边上打孔，再用细绳将书背横扎，然后穿过底部的孔，最后用打结的方法把书装订，这就是最原始的线装。

线装是古代书籍装订定型的一种形式。相较于包背装，主要区别在于书封，内页的装订方式其实没有什么变化。线装是中国印刷书籍的基本形式，也是古代书籍装订技术发展的最具代表性的阶段。线装书最早起源于唐末宋初，盛行于明清。在我国，线装的形式历久弥新，包罗万象。线装书兼顾了实用性和观赏性，在这一点上比其他装订形式都要完善。

线装书的制作流程为：折页、配页、撞齐、订纸捻、配封皮、三面裁切、打孔、穿线、包角等。明朝时线装书的封皮主要是纸，一般会选用较厚的纸或几层纸贴合而成。对于较为雅致、讲究的书籍，则会用布、丝、锦等材料裹在厚纸上。还有些珍善本需要特别保护的，便会在书脊的两个角处缠丝织锦，这就是"包角"。包角具体而言就是在书本装订的上下角的切边上包裹上其他材料，使之能美观、坚固。线装的孔是穿线用的，根据书本的尺寸和设计要求有四眼、六眼、八眼，孔的选择视具体情况而定。装订线多采用白丝线，装订时书本要压实，线要拉紧。

线装书是我国社会文化发展到一定阶段的产物，其装订技术也是我国古籍装帧史上的一次重大技术变革。线装书阅读方便，美观实用，保存便利，不易磨损和散落，弥补了之前很多种装帧方式的缺陷。直到今天，还有很多书籍装帧会采用线装的形式。

从卷轴装、经折装，到蝴蝶装、包背装、线装的变化，展现了我国古代书籍匠人在书籍制作与保护方面做出的积极探索，这些带着浓郁中国古代文化特色的装帧智慧具有深厚的文化底蕴，成为我们宝贵的文化财富。

第二节
上下求索：近现代书籍装帧设计

近代以来，中国书籍装帧风格发生了巨变。独特的东方文化元素与西方文化冲撞、磨合、交融、生发，形成了新的文化场景。天地合一、人与自然和谐相处的东方宇宙观以及理性严谨的西方思维，共同影响了中国近代书籍装帧设计风格。近现代文化思潮风卷云涌，社会风气开放融合，使书籍装帧设计呈现出上下求索、百花齐放的生动气象。

一、西风东渐：近代书籍设计的新机遇

19世纪末，西学东渐影响了中国人的思维。技术方面，凸版印刷等西方先进的印刷技术逐渐传入我国，古老的雕版印刷逐渐被摒弃。20世纪初，中外文化的交流与碰撞频繁，书籍装帧迎来了新挑战和新的发展机遇。

首先是书籍设计师大胆地学习和借鉴西方各种艺术思潮和流派，报章杂志开始宣传一些艺术潮流，比如通俗杂志《良友》

《时代漫画》，还有政治期刊《东方杂志》等，都刊登不少艺术领域的理论和信息。当时，将外国艺术风格应用于设计成为一种潮流时尚，欧洲新艺术流派给了中国艺术家们相当多的启发。有的设计者受西方立体主义影响，他们在书籍装帧的画面中把同一事物图像按不同的角度表现出来。有的设计者受未来主义的影响，画面中呈现了抽象的符号，如陶元庆《苦闷的象征》就带有未来主义特征。有的设计者受超现实主义的影响，画面的呈现超越了时空的拼合，如叶灵凤的《戈壁》等。还有的设计者受到构成主义的影响，用倡导新思维阐述艺术，提出了设计服务于社会的观点。

《良友》

　　同时，装帧设计者们依旧坚持中体为用，他们不仅汲取西方设计理念、技法，还不断地丰富和发展富有自身特色的东方设计风格。比如陶元庆设计的《工人绥惠略夫》，最初的设计风格是欧洲文艺复兴时期的艺术风格，封面使用了很多欧洲的装饰元素。后来陶元

《东方杂志》

庆在封面上采用了剪影这种独具东方魅力的样式进行改版设计，其中工人的剪影轮廓还融入了汉代的风格，极具创意。还有的设计者坚持书籍装帧与绘画艺术的结合，如丰子恺等画家探索中西相结合的设计，在装帧中创新美的形态。

《工人绥惠略夫》初版封面（左）和陶元庆改版设计的封面（右）

　　总之，19世纪末至20世纪初，我国的书籍装帧设计在吸收多元的西方艺术流派和形式的同时，又保持和创新了本土的民族风格，书籍装帧设计者对外来文化和学术理念的消化达到新高度。在传统观念和新思潮的冲击下，中西文化碰撞融合出更强烈、更绚烂的火花，中国装帧设计师在取其精华、弃其糟粕的路上逐步跳出传统思维的局限，构建了成熟的现代化装帧艺术风格和体系。

二、百家争鸣：民国时期的书籍装帧设计

　　时代的特殊性，赋予了民国时期书籍设计风格的多样性。新文学、新技术、新材料、新市场、新设计理念和思维方式与中国传统书籍设计艺术的碰撞融合，决定了民国时期的图书设计和风格展示非同凡响。这一时期，文化艺术氛围浓厚，环境宽容，因此也诞生了一大批优秀的书籍装帧设计师。复杂多变的社会环境

和民众变化的审美需求使得民国书籍的装帧设计风格发生了变化，从早期的引进模仿到中期的借鉴创新，再到后期的超越，书籍的装帧风格呈现出时代与历史相互映衬的特色。

1912年至五四运动以前是中国近现代书籍设计的起步阶段。这个时期的社会处于新旧交替的阶段，书籍的设计风格处于旧与新的转变与过渡之中。这一时期的书籍形式以平装本为主，线装书也没有退出市场，不少出版物混合了这两种书籍的设计形式，内外不统一、设计风格突兀的现象时有出现。比如有些书采用线装书的装订形式，但封面和正文则呈现出现代印刷的样貌：书名文字横向排列，文字中甚至出现了一些西方色彩浓郁的图案和花边。再如不少流行小说虽然广泛使用平装的形式，但是封面图片的选择、内页插图和排版却是古典风格，与中国传统的书籍版式相仿，当时的《新小说》《小说林》等刊物在这一特点上更是突出。在今天看来可能风马牛不相及的新旧混用形式，在当时却是一种普遍的现象，它的出现让人们可以看到新事物在发展初期的模仿痕迹。总体而言，这一时期的书籍装帧设计还不太成熟，有不少盲目模仿，甚至抄袭西方设计之处，很多设计理念不完善，出版业迫切需要实践的积累来实现进一步的发展。

在五四运动的推动下，新文化逐渐取代旧文化，白话文迅速发展并开始普及，中国共产党领导的进步思想发挥了重要的引领作用，一时间社会学术氛围浓郁，书籍成为传播思想文化的重要渠道，出版业迎来空前繁荣，书籍装帧设计也发生了巨大的变化。一方面，受众越来越重视书籍装帧设计的辅助作用，注重呈现书籍内容与思想；另一方面，留学生的回归和艺术教育的发展，造就了一批具有高水平艺术修养和设计能力的专业书籍设计师，他们在创作上发挥了无穷的创意，设计出丰富多彩的艺术样式。

五四运动以后，物质条件的改善使得造纸技术有了长足的进步。除了小学课本仍用光面纸印刷和线装外，其他书籍几乎都是白报纸双面印刷、平装。这一阶段的书籍封面设计凸显更加个性化的表达，整体设计风格都会有明显的现代感。比如《新青年》选用了新型的纸张，在封面设计上，书籍的核心内容放在版面正中央。在设计感极强的黑色边框中，杂志内容简洁而极具张力，在同期其他杂志的封面设计中是一个很大的突破。与以往端庄大

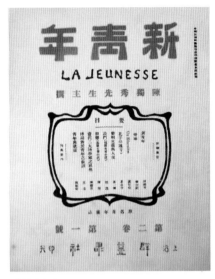

《新青年》

方的书法字体不同，"新青年"3个大字是专门设计的艺术字体，字体醒目而富有个性和张力。"新青年"中文字体下方还添加了法文字体，中西字体的结合使得书籍形态更具有现代性和高级感。各种标题的艺术字体、寓意深刻的纹理图案、契合内容的色彩搭配和新颖的排版方法，都被广泛应用于书籍设计尤其是封面设计之中，以《新青年》为代表的民国时期的书籍设计，吸收了中西文化艺术之精华，逐渐突破传统桎梏。

随着书籍装帧设计水平的不断提高，一些书籍设计师开始有了书籍整体设计的意识。他们不仅注重局部的单独构思，如封面、内页等，还将环衬、扉页、版权页、排版、插图的形状尺寸、颜色、纸张、印刷工艺等书籍的组成要素集合起来进行综合考量，这种整体性思维使得书籍的外在形式有整体和谐的呈现，且能够更好地辅助表达书籍本身所想要表达的内容与思想。鲁迅多本著作的装帧设计便是整体思维的优秀案例。继鲁迅之后，诗人、翻译家卞之琳倡导对书籍设计整体把握的思路，他亲自对自己的诗集《三秋草》进行装帧设计。在原材料的选用上，他采用了和诗集内容气质相符合的纸张，把封面的主题色定为淡青色，配以沈从文亲笔题写的墨绿色书名，风格雅致美观。《三秋草》的封面没有过多的装饰，整个画面非常自然地表达了秋光草色的意境，观赏性十足又贴合书籍内容散发出来的气韵。时至今日，这种强调整体设计的意识在书籍装帧设计中还发挥着重要的指导作用。

从五四新文化运动到抗战前，书籍装帧设计人才大量涌现，在勇于创新、开拓进取的设计精神的指引下，百花齐放的书籍装帧设计风格得以形成。14年抗战以及4年解放战争时期，社会环境复杂严峻、经济发展停滞。图书出版业举步维艰，但书籍是意识形态和思想传播的主渠道之一，任何时代都有其不可替代的重要性。书籍装帧艺术家们通过书籍设计唤醒人民抗战的精神与意志，艺术家们以昂扬的斗志和坚定的态度进行创作，极大鼓舞了读者，这也成为战争时期书籍装帧设计的鲜明特色。受限于社会经济条件以及印刷等技术条件，这一时期的书籍在设计质量、外观、材料的使用和印刷工艺上都比较简朴、平实，呈现出理性、严谨的特点。这一时期，漫画和木刻版画被大量运用于书籍封面和内页的插图中，这种设计风格提升了书籍内容的生动性、趣味性与战斗性，传递出一种昂扬向上的革命乐观主义精神。尽管社会环境极其艰苦，但书籍的设计艺术依然顽强地蓬勃发展，即使部分书籍只能印在土纸

《三秋草》

上，设计风格散发出的仍是朝气蓬勃、锐意进取的精神。此时的书籍装帧设计呈现出浓郁的民族气息和刚毅的斗志，庄重且富有创意。

　　总而言之，民国时期至新中国成立前，书籍装帧设计风格不断与时俱进，艺术家们在有限的条件中发挥了无限的创意，为后世研究留下了无比珍贵的资料，也为现代书籍装帧艺术发展奠定了良好的基础。

三、推陈出新：当代书籍装帧设计业的发展

　　中华人民共和国成立初期，在中国共产党的领导下，国营出版初步形成了完整的生产体系。随着各地掀起干部学习的热潮，政策书籍的市场需求量不断上升，出现了供不应求的状况。而此时在实际生产中，印刷、排版、装订等环节存在着不少问题，国营出版单位整体生产力相对薄弱。与之比较，私营企业的生产能力较为强大。以华东地区为例，公私合营与民营出版的生产力比例为2:30。民营印刷厂的月排版量是公办的9倍，印刷量是公办的10倍以上。相比于全国印刷生产的产量，上海地区的民营出版甚

至出现产能过剩的状态。

此后，中宣部下发党内文件，明确规定政治类图书和干部读物的出版权属于解放社和新华书店，民营书店禁止擅自搬运与翻印。因此，国有书店的声望有了很大的提高，但因缺乏新书稿源，在全国的专业书刊印刷厂中，约有1/3的印刷机闲置，部分工厂倒闭、工人失业，产能严重过剩。

由于白报纸的价格较抗战前上涨13000倍，为稳定书价、节约用纸，图书版面发生了重大变化。以前的书字体大多采用五号字，间距、行距和整体版面的空隙与留白都比较自然。受到纸张价格上升的影响，出版总署决定加排普及版图书，字体全部设置为小五，辅助以六号字，排版放大，缩短版面上下间距，增加行数，节省1/3的纸张，价格降低了2/5，从而确保老百姓能够买得起、看得起书。从总体上看，由于受到经济和物质等客观因素的影响，这期间书籍的品种和质量还没有恢复到抗战前的水平，全国读者的购买力普遍偏弱，选用优质纸张印刷的精装书较少见。

中华人民共和国成立初期，书籍设计和出版遭遇困境，但整个出版行业依然在学习与探索，在向苏联学习的大背景下，我国还引入了苏联的出版体系。1956年，文化部派出"中国出版界赴苏参观访问团"，主要考察图书贸易、图书印刷、外文图书和画报等领域。对苏联的学习不仅仅体现在分工专业化、选题计划制度、稿酬付费方式、编审制度等这些基本的管理和运作上，《人民日报》的"图书评论"版、《光明日报》的"读书与出版"专刊、文化部出版局主编的《图书月报》、中国人民大学创办的《新闻与出版》，介绍了大量苏联和人民民主国家图书出版业的信息，以及苏联有关出版工作经验的文章；人民出版社内部编印的《出版周报》转载和翻译了苏联出版社稿件的编辑、校对以及选题方案的制定、设计等具体工作流程与经验。这一时期，我国书籍装帧设计行业吸收了苏联、欧美经验，为新中国的书籍设计注入了新的能量。

1956年，毛泽东在中共中央政治局扩大会议上提出"百花齐放，百家争鸣"的方针，为书籍装帧专业人才的培养和书籍装帧行业的发展提供了良好的政策背景。出版业开始蓬勃发展，图书的种类和数量逐年增加，更多的书籍装帧艺术家、教育工作者、出版工作者等群体投身书籍设计事业，将自己的专业知识、艺术修养与专业实践紧密结合，形成了更加多元和包容的设计理念，促进了这一时期书籍装帧行业的整体发展。

在人才培养方面，中央工艺美术学院设立了国内首个书籍装帧专业，学制5年。对书籍装帧专业人才进行正规化、系统化的引导与培养，极大地满足了各大出版社和印刷行业的人才需求。除了选择到出版社和印刷行业就职以外，还有部分人选择留校任教，培养出版行业发展所需的专业人才，为新中国书籍装帧事业添砖加瓦。

"整风运动"之后，社会主义建设进入了大跃进时期。1958年，中共八大二次会议提出"鼓足干劲、力争上游、多快好省地建设社会主义"的总路线。同时，文化部副部长陈克寒在全国出版工作跃进会议上发表了讲话。至此，各出版单位在图书出版上提速，甚至提出了"高速度出书"的口号。这种做法一味地追求高效率而使得编辑打破常规，改变校对流程与方式，在审稿校对时突出政治思想的重要性。装订设计、校对、印制工程同步展开，尽一切可能缩短生产流程。为了提升图书出版的效率，出版社开展了各种竞赛活动鼓励出版者快速出书。比如《政治挂帅，勤俭办企业》一书的总字数4万字，总印数1500册，建筑工程出版社完成从审稿到印刷整个流程，只用了一天的时间。

"大跃进"时期，书籍装帧被浮夸风所影响，最典型的表现就是不惜一切代价追求书籍封面的华丽与隆重。为了在形式上盲目赶超西德、日本等资本主义国家，印刷、造纸等部门生产了一批华而不实的书籍，付出了与内容严重不对等的昂贵成本。有些出版社无视受众对象的认知水平和需求，将一些面向农村读者或者内容较浅的书籍与经典图书一道包装为精

《政治挂帅，勤俭办企业》

装版，有的书还用皮面精装烫金和封面图案凹凸烫金。轰轰烈烈的"大跃进"运动给出版领域带来了严重的后果，负面影响波及书籍的起草、编辑、设计、印刷和发行等方方面面。

1966年5月至1976年10月的"文化大革命"对学术界、教育界、新闻界、文化界、出版界是一场浩劫。出版界作为被"彻底批判"的"五界"之一，遭受了极大的破坏，在"左"倾思想的影响下，设计者大多以夸张的政治符号进行红色书籍的创作，版面设计多运用"红、光、亮"元素拼贴。视觉上的丰富性减弱，程式化的政治图解取代了艺术性的表达，书籍设计理念僵化，回到了"封面画"的阶段。程式化的主题、醒目的革命口号、规则的构图和鲜明的色彩对比成为特定时期出版物的共同特征。十年浩劫给中国书籍装帧设计行业带来了不可估量的损失与磨难，新中国成立以来出版业的良性发展被迫中断，书籍装帧陷入了完全停滞的困境。

"四人帮"被粉碎以后，出版、装帧工作在拨乱反正中复苏，被撤销的出版机构也逐渐恢复，被遣散的编辑人员开始返回工作岗位。据《中国装帧艺术年鉴：2005：历史卷》记载，到1980年8月底止，全国具有一定规模的中央及地方的出版社已有174家，美术编辑机构也逐渐恢复。

1978年7月，由全国书籍装帧设计展览筹备办公室编印的《书籍装帧设计》出版，共出版21期，后更名为《装帧》，共出版23期，国家先后成立了书籍装帧研究室筹备组、中国出版工作者协会秘书处及中国出版工作者协会装帧研究室。[①]

1979年4月20日，国家出版局以出版字（79）第192号文件转发了《关于加强书籍装帧工作的建议》的通知。通知说，国家出版局于3月29日至4月4日邀请了在京有关方面的专家、部分地方和中央一级出版社的装帧设计工作者50余人，在京召开了小型的书

---

① 中国出版工作者协会装帧艺术工作委员会、中国美术家协会插图装帧艺术委员会编：《中国装帧艺术年鉴：2005（历史卷）》，中国统计出版社2005年版。

《红楼梦》（英文版）

籍装帧工作座谈会。①国家出版局听取了一众专家和美术工作者的
建议，致力于提高全国书籍装帧的设计水平。《关于加强书籍装
帧工作的建议》概括了专家及专业美术设计工作者的真知灼见，
对我国出版界提高书籍装帧的水平产生了极其深远的影响。

　　1979年3月，国家出版局和中国美术家协会在北京举办了第二
届全国书籍装帧艺术展。这次展览的举办开创了书籍装帧历史的
新局面，预示着中国书籍设计的复苏。与1959年相比，本次展览
在原有封面设计和插画奖项的基础上，增加了"整体设计奖"。
这一奖项的添加也能够表现出当时书籍整体设计的观念已经基
本为全行业所接受与认可。曹辛之、曹洁设计的《新浪潮版画
集》，吴寿松设计的《红楼梦》（英文版），何礼蔚设计的《中
国动物故事集》3件作品获得该奖项。同年4至5月，展览在杭州、
长沙、西安举办。这次展览的举办为书籍装帧事业提供了方向指
引，让更多的设计者和读者关注到书籍整体设计的理念。

① 中国出版工作者协会装帧艺术工作委员会、中国美术家协会插图装帧艺
　 术委员会编：《中国装帧艺术年鉴：2005（历史卷）》，中国统计出版社
　 2005年版。

《新波版画集》

《中国动物故事集》

1979年12月，全国出版工作者协会成立。从此，出版工作者有了行业性的社会组织。1981年，中国出版工作者协会成立装帧研究室，张慈中任研究室主任。中国美术家协会插图装帧艺术委员会和中国出版工作者协会分支机构——中国出版工作者协会、装帧艺术委员会也在此后相继成立。在国家出版局的领导下，中国出版工作者协会装帧艺术委员会主要承担了协会的装帧工作，他们联系和团结国内的书籍装帧艺术家，定期举办装帧优秀作品的评选活动和装帧艺术展览，为丰富我国书籍装帧艺术实践发挥了积极的作用；除了实践活动以外，他们还组织开展装帧理论研究和交流活动，交流范围甚至包含港澳台以及国外地区，为中外书籍装帧艺术交流提供了良好的平台。

随着中外图书贸易和交流活动日益频繁，中国的书籍装帧工作者也逐渐意识到国内外设计水准之间存在着巨大的差距。1976年，全国书籍装帧工作座谈会上明确提出，装帧工作者要"摆脱装帧设计的思想禁锢"。此后，国内的书籍装帧行业开始向国外各设计艺术流派学习，进一步摸索其风格与艺术内涵，借鉴西方现代设计的先进视觉形式和设计手法。

20世纪70年代末至80年代初，是中国平面设计领域专业化的起步阶段，在书籍设计领域中，最主要的变化就是设计理念的更新。书籍装帧设计师、装帧教育者以及海外设计专家的力量，不断推动着书籍设计的现代化进程。

现代科技不断发展，工业化水平提高，我国出版业的生产技术和印刷工艺也随之提高。新技术、新工艺的不断开发与引进既提高了书籍印刷的效率也丰富了其视觉呈现。20世纪80年代后的书籍更是装帧设计与现代印刷技术巧妙配合下的产物。到了20世纪90年代，计算机技术进入设计领域，这更是装帧设计行业一个历史性的跨越，设计活动逐渐从手工绘图过渡到计算机制作，在极大解放了设计生产力的同时，也使得书籍设计成果更加富有现代性与科技感——两种创作方式的并存与合作催生了书籍装帧的多元艺术特征。

第三节

审美追求：当代书籍装帧设计

新世纪以来，中国的书籍装帧设计进一步体现了设计师高超的技法与回归的审美情趣。近年来，数字信息技术与书籍装帧行业不断融合，有的书籍装帧设计师执着于对技术的极致追求，繁复、炫目、让人耳目一新的设计层出不穷；也有的设计师呼吁回归本心、道法自然，从古代哲学智慧中寻找设计的本源，开辟了极简主义与先进技术相结合的新方向。由于技术的创新与思维的活跃，当代书籍装帧设计呈现出丰富多元、百花齐放的态势。

一、速度的召唤：机械化工作下的高效产出

在这个数字信息多元化的时代，书籍装帧不断趋于系统化、多样化。书籍装帧设计面临全新的机遇，如何让数字信息为书籍装帧设计的发展插上腾飞的翅膀，成为装帧设计师的新课题。

首先，书籍装帧设计师需要把握书籍装帧设计的数字信息化趋势。书籍装帧设计师应掌握国内外最先进的前沿技术和丰富信

息，积极开展中外书籍装帧的艺术交流，将新技术提供的设计方法、印刷工艺的革新灵活运用于书籍的装帧之中，使书籍装帧设计在"质"的层面上有所提升。

其次，先进的技术手段应当赋能装帧工艺往更专业、更成熟的方向发展。摄影处理、网点放大、底纹拼接、电脑绘画、技术拼图等，无论哪一种都离不开技术的底层支持。计算机技术的广泛使用拓宽了画笔的局限，人脑之中无尽的关于线条和图形的构思、关于色彩对比与搭配的想象都跃然于屏幕之上。计算机与生俱来的数字化特征使得书籍版面之中点对点，线与线之间的数值更加精准、细致、科学，极大地减少了装帧设计中的误差。

再次，信息技术应与内容深度融合。信息技术是一柄双刃剑。一方面，数字信息技术使得书籍装帧工作人员从之前机械性的劳动当中解放出来，大大减少了书籍装帧工作所需要的时间与人力，解放了生产力，广大书籍装帧工作者也可以将精力转至其他环节上；但另一方面，对技术的过分依赖，使得工作人员的思维受到了极大的束缚，甚至忽略实践导向，走向了唯技术论的误区。例如，在当下书籍装帧环境中，虽然出版的书籍数量庞大，但能够完全传达书籍本身所蕴含意义和所表达思想的装帧作品却越来越稀有。要避免陷入这种困境，书籍装帧设计者除了要专注于对技术的学习与应用，还应加强对内容的理解和艺术的追求。

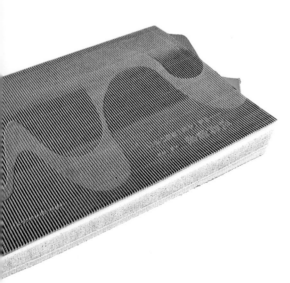

2021年度"世界最美的书"银奖：《说舞留痕：山东"非遗"舞蹈口述史》

"内容为王"是文化产业发展的核心，对于从属于文化产业的书籍装帧行业而言，即使依托的技术再强大、再先进，忽视内容的表达的作品绝对不是一个精品。

时代变化的速度一再加快，事物更新换代的周期也变得越来越短。生活在数字信息多元化的时代，新技术、新工艺的发展，使得书籍装帧的发展前景更加丰富多彩。装帧设计者需要更好地将数字信息的多元化与书籍装帧的设计结合起来，重视书籍装帧工作的现实意义与实践，整合先进理念与技术。

总而言之，只有真正理解并把握书籍装帧设计的数字信息化趋势，从中外多元化艺术信息交流中汲取先进的艺术思想，努力跟随时代的步伐，通过设计理念的创新与设计手段的进步，才能让书籍装帧设计在每一个时代都焕发源源不绝的生命力。

二、审美的回归：精神与物质的同步

长期以来，人们对书籍装帧的普遍印象是一种简单的包装工艺。书籍承载着文字内容，书籍需要装订，就像人在不同的场合见到不同的人就要有不一样的着装，借此表现出个人特征与气质一样。书籍装帧的首要目的也是识别，通过赋予某本书具体的外在特征，让读者更好地了解它。

新媒体背景下，书籍设计实践不断丰富，技术一路奔涌向前，而设计审美理念却需要有一种回归的意识——回望中国古代书籍的装帧设计，实用与美观一直是牵手并立、相向而行的，这正是我们今天需要向古人学习与借鉴的。书籍装帧工作者的思想和意识日趋成熟和专业，他们意识到，书籍的装帧和设计并不是肤浅的外在工程，精神与物质同步，内容与视觉勾连，装帧设计才能在新时代展现中国书籍的文化魅力。那么如何在当下实现审美的回归？

首先，书籍的装帧设计应有整体观。装帧设计者将每一本书籍都视为独立的生命体，加深对内容的理解，以美学的思维思考对内容进行呈现与拓展，使文化传播变得更加直观、立体、有效，更有冲击力、吸引力。古往今来，优秀的图书总是呈现出一种内外和谐的大美，其内在结构与外在表现传递着书本特有的价值，使得读者在赏心悦目的同时也收获了情感共鸣。这种融通的整体观在中国古代哲学中较为常见，蕴含着中国古代的思维智慧和气韵，是中国文化自信的逻辑起点。综合"物"的呈现与"神"的内涵，这是书籍装帧设计追求的目标与宗旨，也是新时代书籍设计审美的终极追求。

其次，书籍的装帧设计应从实用出发，关注视觉和阅读体验的连贯性。书籍的最大功用是信息的传递，古代书籍装帧的每一次重大飞跃皆从实用出发。书籍装帧设计者要关注读者的阅读体验，不被固有的书籍模式所限制，在设计中增加可灵活变动、塑造文本内容的表达和多样的阅读体验方式，让好的创意生生不息。

《十二生肖寓言故事》

《风·尚：18至20世纪中国外销扇》

最后，书籍的装帧设计应重视书籍的时代化表达。人们的审美在进步，装帧设计自然也需要与时俱进，具有鲜明的时代风貌。反之，如果停留在视觉审美层面，装帧设计势必不能满足当下读者的需求，因此，书籍装帧设计师应当拓展到触觉、味觉、心觉等更广阔的层次，将审美情趣与时代意义相结合，让作品能够体现更加深层次的内涵，体现时代的气质，成为真正富有价值的艺术品。

三、价值的提升：艺术与意义的共融

书籍是一种商品，书籍装帧的艺术性是书籍价值的组成部分之一。纵观当今市场上的诸多书籍，可以发现其中的一些图书其艺术性和商业性并不协调，甚至存在着很明显的矛盾，呈现出相互冲突的状态。一些设计者在进行装帧设计时片面追求市场经济效益，过分强调书籍的商品属性，忽视了书籍是知识的载体，而突出书籍装帧的"抢眼球"特点和功利性。

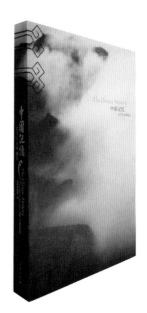

《中国记忆》

事实上，书籍装帧设计的过程要努力在两者之间找到平衡点。我们既不能因为想要书籍畅销市场而否定其艺术价值，也不能一味夸大艺术性，抛弃书籍的商品属性，忽视装帧设计对读者的吸引力。只有将两者协调统一，才能达到最佳的市场效益，满足读者的审美需求和内容需求。

面对当前庞大的消费市场，整本书装帧工作的核心无疑要以读者为中心。书籍设计是否成功取决于读者是否愿意为此付费，他们是整个书籍设计产品的使用者、欣赏者和评估者。在互联网、图像、电子书日趋发达的环境下，纸质书的存在被不断弱化，市场份额也受到很大挑战。因此，对于纸质书籍的装帧设计而言，研究消费者的多重需求显得尤为重要，这是当前纸质书籍装帧设计艺术生存和发展的必要条件，也是纸质书籍存在的重要意义。

装帧设计是包括营销在内的整个图书出版过程的关键组成部分。读者对装帧设计的态度与偏好就成为了我们需要关注和深入研究的内容。为了进一步拓展纸质图书的生存和发展市场，学界也将目光投向了书籍装帧设计与读者消费心理交互作用的研究。在市场上，一本书要想保持销售优势，总是离不开它所包含的内容和外在的装帧设计。书本内容满足了使用价值，而外包装则是艺术价值，满足读者的外在审美需求，两者相辅相成，缺一不可。视觉上吸引人的封面能够给读者"第一印象"，产生"首因效应"，也是书籍"无言"的广告，他是一位优秀的"缄默的推销员"。在当代书籍装帧的发展与实践中，书籍装帧工作者应该做好受众研究，力求站在消费者的角度进行用户分析，从多个角度观察和总结消费者审美的变化，力求呈现出书籍的双重价值，只有清楚地了解读者的价值取向、文化素养、审美情趣，才能优化装帧的设计创作，形成真正具有当代中国特色的书籍装帧艺术作品。

与书籍的商业属性相比，书籍的艺术性要求更加高远，更加多元化。莱比锡"世界最美的书"提出了一个评判标准：首先是形式与内容的统一，文字图像之间的和谐；第二是书籍的物化之美，对质感与印制水平的高标准；第三是原创性，鼓励想象力与个性；第四是注重历史的积累，即体现文化传承。这其中足以看出对书籍装帧的艺术要求。总之，中国当代书籍装帧不是一个简单的流水线工程，而是一门为书籍提升教化价值、经济价值、文化价值的学问，更是一门独立且深远的艺术。

《剪纸的故事》

中 国 书 籍 设 计 艺 术
ZHONGGUO SHUJI SHEJI YISHU

"书"道

中国书籍装帧思想

第二章

书籍装帧虽然表面看是一门技巧，其背后却存在大道。所谓"道"，就是事物背后的本质和规律，是"不可须臾离"且"日用而不知"的本体。《易传》说："形而上者谓之道，形而下者谓之器"，"道"对于"器""术"更具有根本性、决定性的意义。中国人在观察和思考世间万物时，并不把一切都当作外在的对象。他们不仅关注外在的存在与形式，也关注内在的本质与外在的联系，更关注万物运行所体现的规律和逻辑，也就是我们常说的"道"。本章主要探讨书籍装帧之道，也即核心精神和思想，聚焦中国独特的书籍装帧设计思想的凝聚、形成、发展乃至未来之路：寻找哲学思维，在人文之道中探究道器术势的思辨关系和民族文化；寻找审美情趣，探究引领着中国风格的图书装帧设计的美学创造和审美感受；寻找创意理念，寻找基于"大道"孕育而凝结的表现手法，探究书籍装帧艺术最直观的影响力和独特的导向力。

第一节

哲学思维：书籍装帧的东方意蕴

　　中国书籍装帧背后的第一大道，就是东方哲学思想的大化。也可以说，哲学思维是其本体，而装帧设计则是应用。这种哲学思维，是其灵魂和精神。从书籍装帧的呈现形式看，我们不难找到其背后所潜藏的哲学思维，比如图书页面的虚实留白设计、装帧中纬编线装的自然取材等，均是东方哲学思想的外化和体现，它们塑造了独特的中国书道，让设计师自觉或不自觉地加以运用，须臾不可分离。

一、以"天人合一"为内在本体

　　天人关系是中国人重要的哲学命题，是中国人考虑宇宙与人的第一组关系。在探索这一关系过程中形成的"天人合一"思想，成为古往今来中国人共同的精神追求，也贯穿于中国历史发展的各个阶段。钱穆指出，"天人合一"是整个中国传统文化和思想的宇宙观。中国传统文化强调"究天人之际，通古今之变"，中国艺术强调要注重天地之道，讲究"体天地之心"，置身天地之中思考、悟道，使一己之小宇宙与天地大宇宙的生命精神融会贯通，这一方面与西方摹仿论、体验论有根本不同。

在传统美学思想中，人并不是独立于世界和宇宙之外的个体。人本身融于天地之间，自我的展现也是在与天地的和谐共处之中挥洒而出的，因此，传统美学的艺术创作之中，"天人合一"是无法忽视的内在逻辑，构思与动作皆以此为核心和基础，向上生长，向内深入，向外拓展。

"天人合一、道法自然"是中国传统文化中的精髓之一，这一思想对中国古代书籍装帧设计有着潜在的、深远的影响。这也是中国书籍装帧设计区别于西方的一个重要标志。

在绘画体系中，讲究心物一体、天人和合。清人朱庭珍曾说："以人之性情通山水之性表，以人之精神合山水之精神，并与天地之性情、精神相通相合矣。"由此可见，中国的绘画艺术，尤其是山水画艺术，所追求的境界就是人心与天地的共情和融合。书籍装帧与书画艺术的区别在于，它是一种应用艺术，而不是纯粹为了满足观赏性的艺术，所以，即使给设计者留下一定的发挥空间，也不能脱离书本内容去天马行空，信马由缰。艺术创作的自由对于书籍装帧来说范围是有限的，或者说理想的书籍装帧追求的是自然而非自由。这种自然体现在对书籍内容和思想的提炼上，体现在封面设计、内页设计等每个部分的衔接上，甚至体现在选材、设计、印刷等各个环节的过渡上。

《黎雄才山水画谱》

对于书籍装帧设计来说，立意就是它的灵魂。设计的立意要从书籍出发，契合书籍的内容，符合书籍本身的品性和气质。一旦不从书本本身出发，不回归书本内容，即使艺术性再强也是偏离正轨。因此，对书籍立意的要求，实际上就是要顺其自然。

藏书家孙庆增在《藏书纪要》中说："毛氏汲古阁……糊用小粉、川椒、白矾、百步草细末，庶可免蛀。然而偶不检点，稍犯潮湿，亦即生虫，终非佳事。糊裱宜夏，折订宜春。若夏天折订，手汗并头汗滴于书上，日后泛潮，必致霉烂生虫，不可不防。"可见，装订书籍所要做到的原则，都依赖于自然，这其中所追求的境界是与环境、自然相协调，并在此基础上充分发挥人的主观能动性，实现天人合一。"天人合一"的哲学思维，对书籍装帧提出了如下的要求：

一是布局的天然。位置的布局要天上地下，如页面上的上下空白处被命名为"天头""地脚"，这是中国人装帧设计的自然观的体现。

二是装帧用材上法乎自然。如古代多用竹简写书，用熟牛皮绳把竹简串联起来，孔子因为用功读书，致使编联竹简的皮绳多次脱断，就有了"韦编三绝"的故事。蔡伦改进的"蔡侯纸"也是采用渔网、树皮等自然材料进行创新。在《锵锵行天下》里古籍修复师就指出："清代以前的刻本至今保存完好，因为采用的都是自然材料，而民国时印刷的图书多是用铁钉装订的，时间一久就生锈，对图书的损害很大。"每种材质都有它的特征和性质，我们的设计者通过对书本内容的了解，选取不同的材质，其实都是为了追求自然特性。无论是木材还是羊皮纸，或者是今天常用的纸张，设计者都应该以深刻了解材料的自然属性为基础，从而挖掘其在书籍设计中的无限可能，根据触感和情感决定书籍装帧设计的具体方向，最后给予读者内容的呈现与想象的延伸。

三是在设计审美上注重巧用自然。自然绝不仅仅依靠其材料，更重要的是体悟自然精神，更多地用心去感受自然，从自然中来，到自然中去，巧夺天工，在质朴中见精神，在朴拙中见气韵。当自然精神体现在书籍装帧之中，就像是"润物细无声"的春雨，均匀地落在每一个步骤与环节之中。闻一多在谈及文艺创作时经常提到"自然"，自然是艺术灵感的重要来源。因此他的艺术作品中从不缺乏运用自然元素的杰作，如《猛虎集》和《落叶》等。闻一多深深了解自然的本质，他并不停留在感知，更重要的是读懂自然，从自然中吸取灵感和真理。他在《冬夜》的评论中说，所有形式的艺术都是以自然为原料，用人为的手段打磨掉自然中粗率的恶相，以"人性"去修饰，最终得到"易于把握"的艺术结晶①。以自然精神呈现的书籍装帧作品，一定是最适合书籍的，也是最能被读者接受的。自然不等于迁移，自然更为重要的是共情，是巧妙，是适宜，是对自然艺化和大化。

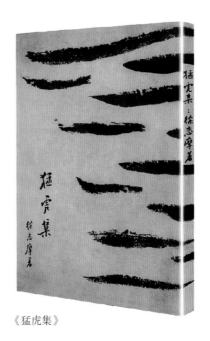

《猛虎集》

① 郑伊玲：《"美的追求"——闻一多书籍装帧设计研究》，北京印刷学院2019 年硕士论文。

二、以"以人为本"为核心精神

"以人为本"的人文精神是中国文化最根本的精神，也是中国发展的立足点和出发点。它强调的是人的主体性、独立性、能动性，而不是靠外在的神或造物主的恩赐，从西周以来，我国就奠定了以人为本的文化精神和文化品格。

《尚书》有"民惟邦本，本固邦宁""天视自我民视，天听自我民听"等记载；春秋时期的管仲也告诫齐桓公"王者以百姓为天"。所以中国文化的"天"，既是自然天道的天，也是代表民意的天。中国文化以人为本的人文精神重点就在于人不是听任外在力量、命运主宰的，不是做某一个神的奴隶，而是要靠自己德行的提升，要以"德"为本。

文字的发明最早虽然有神性的意味，所谓仓颉造字"天雨粟鬼夜哭"，但图书的诞生则其实是逐渐走向世俗化、大众化的过程。书籍承担着记录、保存、传播、传承的功能，从其诞生之日起就注定是以"以人为本"为核心精神的。因为其记录本就为人所创，为人所用，在人类社会生活中得到传承和发展。

书籍装帧设计不是空洞的理论学问，它作为一门艺术同样要求以人为本。古往今来的设计装帧活动在创造物质文明的同时，也创建了精神文明。设计理念随时代进步而不断更新，创意也层出不穷，表现形式丰富多样，但是对书籍装帧来说最终的追求依旧是"以人为本"。书籍装帧设计的诉求对象和目标人群始终是人，而人又是设计成果的接受者，是设计的核心，因而一切的书籍装帧设计其实都是围绕着人的需要而展开的。

"以人为本"的书籍装帧设计最基本的表现，即通过装帧设计来满足人们对物质和精神两个方面的需求。书籍外在形态的展现以及书本内涵的传达，分别从物质和精神这两个出发点，给予读者以美的享受。在读者阅读与享受的过程中，情感的力量是非常强大的，这就要求装帧设计师要做到"以人为本"，将人文关怀深度融入到书籍装帧设计中。人作为个体拥有丰富的心理认知和个人情感，这就对书籍装帧提出了更高层次的要求，不仅要以赏心悦目的形式呈现，更要深入到读者的内心世界，唤起人们的普遍心理感受，引起心理和视觉上的双重愉悦。

《其命惟新——广东美术百年作品集（1916—2016）》

　　书装设计艺术发展到如今，对大众内心精神的需求关注焦点愈发展现在人文关怀上。书籍装帧设计师应在其作品中充分体现人文关怀。缺乏人文精神的设计排斥了人类的主体性，忽略了人类对丰富多彩的生活和精神世界的探索，更忽略了人类的精神需求。现代社会的物质条件充裕，生活也极其丰富，人们在不断加速的社会发展步伐之下，很容易陷入焦虑和不安，于是会更注重情感需求和精神慰藉。因此，书籍装帧设计师作为人文和艺术行业的工作者，理应将人文关怀融入到设计中，让人们在阅读的过程中感受到这种关怀，应该努力探究以何种视觉形式与效果展现人文精神，在坚持以人为本的基础上开拓创新性，为设计增添新意。

　　设计者应充分考虑受众的审美和心理影响因素，最大程度满足受众的情感需要。基于此，出色的设计师会将自身独特的个性与风格巧妙而隐秘地融入作品之中，做到"润物细无声"。在体现"以人为本"的核心精神设计中，要巧妙地体现中国精神，如道法自然、天人合一的宇宙观，天下为公、大同世界的理想追求、革故鼎新、与时俱进的创新意识，经世致用、知行合一的行为方式，仁者爱人、博施济众的道德情操，以诚待人、讲信守睦的人伦准则，中正和谐、求同存异的处世之道，等等，从而使作品的设计充满精、气、神，具有方向上的力量和积极的能量。

　　在体现"以人为本"的核心精神的设计中，还要体现中国文化风格和符号。装帧设计不是纯粹的艺术，它依附于书籍，帮助书籍呈现自身，是文化的物化形式，也是设计师艺术风格的体现。其形象和风格要给人以亲切感、亲和感，产生情感共鸣。如在《朱熹榜书千字文》的书籍装帧中，内页设计以文武线为框架，深化传统格式，在封面设计上将中国书法的基本笔画作为符号，以点、撇、捺分别代表上、中、下三册书，符号运用不仅做到了风格统一且独具创意，还彰显了中国悠久而深远的文化内涵。可见，文化内涵既是书籍装帧所要表达的终极诉求，也是书籍装帧设计的技巧与方式，两者相辅相成，缺一不可。

《朱熹榜书千字文》

三、以"广大精微"为表达形式

《易传·辞上》："书不尽言，言不尽意。然则圣人之意，其不可见乎？子曰：圣人立象以尽意，设卦以尽情伪，系辞焉以尽其言，变而通之以尽利，鼓之舞之以尽神"。这段话提出了立象的重要性，并解释了立象的方法。

在哲学和艺术理论中，"象"并不是指今天经常提到的"形象"。《国学举要·艺卷》对于"象"所做的解释是"'形'乃'象'之实，'象'乃'形'之虚；'形'乃物，'象'乃意"。《老子》说："大象无形"，王弼解释道："有形则有分，有分者，不温则凉，不炎则寒。故象而形者，非大象。"也就是说"大象"并不是一个具体的形象，而是融合了众多形象。伏羲立"象"的方法是仰俯观察天地物人，融合了全宇宙众多形象，综合而得八卦。所以老子所说的"大象"可以说是艺术创作和艺术欣赏中和谐完美的意象，如果表现在书籍装帧上，大概是体现在最终的书籍成品上，综合内容和装帧形式之后所展现出来的一种精神气质。

无论是何种艺术创作，都需要立"象"。书画艺术之所以能划分出清晰的流派，是因为每个流派都有其独特的风格和形象。书籍装帧也是如此。一本书从封面、扉页到内页，甚至细节的设计，都需要共同助力于一本书的成"象"。针对特定书籍的装帧设计，不仅是对书籍的保护，也是对书籍的宣传。如果说一本书的内核是书的内容，那么书籍装帧就是书的形式，形式和内容自古以来就不可割裂，形式与内容共同构成一个整体，形式的存在是为了更好地呈现内容。

立意取象的方法是"观物取象"，致广大而尽精微，即观察、认识自然和社会的事物，然后提取"象"，或描其形状，从而精妙、精准地表达其意义。这无疑是一种具有艺术创作的思维活动，而这种思维活动在古往今来的书籍装帧事业中也在一直进行着。

首先，书籍装帧艺术家们是在对自然的临摹中，创造了无数美丽或独特的书籍形象。在造纸术发明之前，人们以竹木为载体，用绳子将它们编织在一起，形成原始的简册书；造纸术和印刷术发明后，纸张赋予了文字轻盈的意义，书籍丢掉了笨重的包袱，化作经折装、旋风装、蝴蝶装的形态，为内容增添光彩；元代以后，经过改良的包背装和线装在优化阅读需求、提高实用性的基础上，赋予了书籍特定的文化色彩；而在近现代时期，精湛的印刷工艺和不断创新的装订方式，则赋予了书籍更加亮丽、醒目的表现形式，也赋予了书籍装帧经久不息的生命力。

其次，书籍装帧艺术家在"物我为一"中进行了创意组合，从而形成了意蕴深远的意象。书籍装帧绝不是材料的单调组合，如果说书籍装帧的最终成品和书籍一起构成了一个完整的"象"，那么装帧设计中使用的每一种材料，每一种图形、符号，每一种色彩，每一幅插图等，都是彼此独立但又融会贯通的小"象"。

以材料为例，书籍装帧艺术设计最常用的材料就是纸张，包括硫酸纸、合成纸、压花纸和蒙肯纸等，封面设计常用的材料除了纸还包括丝绸、人造革、皮革、木材等。一些书籍的封面设计，会根据书籍的具体类别和内容选择不同的纸张材料。例如，紧致的纺织材料常用于阅读频率较高的书籍，而光滑的丝绸面料则一般用于细腻的表达风格中。再比如一些精装书会使用木质材料，因为木材象征厚重、质感和独特。如《朱熹榜书千字文》，就选用了木质材料。木质在一定程度上承载着中华民族的精神风骨，在中国五千年的文化积淀过程中有着清晰的身影。从开始记载图文以来，大部分的载体材料都是木头，所以木质本身对书籍来说意义重大。

再次，书籍装帧艺术家运用综合艺术创造具有审美感的意象。书籍装帧作为一门应用艺术，运用了汉字、书法、绘画等多种艺术，汲取了不同艺术的内容和色彩，每一本书的装帧设计都是一个艺术品，具有巨大的审美价值。首创漫画封面的丰子恺于1924年发表了他的短篇小说《海的渴慕者》。这部小说描述了一个年轻人在家庭、社会、爱情都遭遇坎坷后逐渐走向悲观和绝望，最后跳海自杀。这本书的封面也是丰子恺亲自设计的。封面上，一个赤身裸体的男人坐在岩石上，头发直立，双手张开。他面朝大海，远处的太阳在海平面上升起，太阳照射出的光芒占据

《海的渴慕者》

了半页版面，具有强烈的震撼力。

丰子恺在《君匋书籍装帧艺术选》前言中写道："深刻的思想内容与完美的艺术形式的结合，是优良艺术作品的根本条件。书籍装帧既属艺术，当然也必具备这条件，方为佳作。"[1]也就是说，丰富的思想内容需要艺术的表达。只有形神具备、文质相济才是最佳的艺术品。

随着互联网技术的发展，电脑设计迅速进入书籍装帧艺术领域，以更加多样化的形式和内容展现在大众视野中。各种封面设计、版面设计、插画设计，以及丰富的装订设计和材料的运用，尽可能地丰富、满足着每一位读者的心理体验。

当科技与人文相得益彰，书籍装帧不再是小众的边缘艺术。除了作者和艺术界的大家们越来越重视书籍装帧的重要性，相关的艺术设计大赛数量也越来越多，比如"最美的书"的评选活动等。简而言之，一本书的装帧和设计所涵盖的内容远远超过肉眼可见的元素，从规划阶段到书籍正式出版，可以说是广大精微，无所不包。它既是书本思想与要义的抽象投射，又是作者与设计者灵感的集中体现。理解书籍装帧，或者说真正理解一本书，不能忽视它看似浅显，实则密切关系内核的表达形式。

---

① 李晓峰：《丰子恺书籍装帧艺术研究》，中国艺术研究院 2011 年硕士论文。

四、以"刚柔并济"为审美范式

《易》学文化传统中的太极阴阳辩证学说是中华民族的审美范式，一个太极图给我们呈现的是阴阳处于和谐、均衡、协调的状态，构成了完美的图式。美学家张涵在《中华美学史》中指出，中华民族在其生命形态和文化形态早期形成的过程中，产生了《易》所蕴藏的"太极说"，从哲学层面概括了宇宙生命的形成和发展，揭示了阴阳相辅相成、对立统一的辩证关系。《易》学的精髓在于辩证与和谐。从《易经》的角度看世界，万物都存在于对立统一中，如四季更迭、日月昼夜，在这对立的世界之中，天、地、人又是和谐统一的。《易经》提出了一系列对立统一的范畴。当对立统一的哲学观点投射到美学和艺术领域时，就形成了"刚"与"柔"、"虚"与"实"、"简"与"繁"、"静"与"动"、"混沌"与"秩序"、"文"与"质"等具体的范畴与概念。而"刚柔并济"是具有代表性的审美范式。这一范式反映到书籍装帧上，就要求从装帧材料到装订工艺，从文字图形到色彩，都要体现虚实、繁简、动静、混沌秩序的对立统一。其中，最为重要的当属"虚"与"实"、"简"与"繁"这两对范畴。

（一）"虚"与"实"

"虚"是在中国传统文化中被高度重视的概念。《老子》第十一章说："三十辐，共一毂，当其无，有车之用。埏埴以为器，当其无，有器之用。凿户牖以为室，当其无，有室之用。故有之以为利，无之以为用。"这段话巧妙地说明了"有"与"无"、"虚"与"实"的辩证关系。屋子里面是空的，什么都没有，也就是虚，正是因为这个空，人才能住进去生活。但是，这个空也是因为房子实体的存在而存在的。如果没有周围的墙壁，那么中间就没有空隙。由此可见"虚"与"实"、"有"与"无"是相互依存的。此外，"虚"与"实"还可以相互转化，从太极图的黑白二鱼即可窥见一斑。在中国传统哲学中，"虚实"还与"存在""阴阳"等抽象概念进行交流，从而使"虚与实"的范畴在精神层面得到了极大的扩展和升华。

中国艺术中有非常多种处理"虚"与"实"关系的巧妙方法。一代美学大师宗白华认为，"实"是艺术家所创造的具体形象，"虚"是欣赏者被引发的想象。宗白华还指出，虚实问题关乎哲学宇宙观。心象是艺术家内心感知的形象，也是艺术家心灵折射出来的形象。"虚实相生，无画处皆成妙境"，虚中有实，实中有虚的表现方式真实反映了中国传统绘画美学的一大特点。

从书籍装帧艺术的角度，"虚实并存"的设计理念可以形成一种特殊的视觉效果，让读者在第一时间从封面元素的组合、"虚"与"实"的排列规律中感受到书籍的信息以及视觉上的美感。更重要的是，书籍封面上"虚"与"实"的构建与对比可以充分激发读者的想象，使得书籍封面的意义远不止看到那一刹那的思索，甚至能超越作者本身的构思，得到在读者这一方的升华。

《唐诗名句类选笺释辑评》

（二）"简"与"繁"

在中国审美思维中，"简"与"繁"也是对立统一的。《周易·贲卦》言："上九，白贲，无咎。"贲是斑驳、华丽、复杂的美，而白贲则是在绚丽至极处返璞归真。《周易·杂卦》说，"贲，无色也。"意指没有外在的装饰而本身散发光芒的美才是大美。《道德经》认为"大道至简"，简洁具有一种清新、朴拙之美。

中国的传统美学中存在两种截然不同的表现形式：华丽的美与质朴的美。前者以楚辞、骈文、明清瓷器、京剧戏服等为代表。这是一种错综复杂、富丽堂皇的美；后者以山水画，陶瓷等为代表，是一种自然、清新、简洁的美。这两种美的表达形式体现着几千年来中华人民对美的憧憬与向往，是两种不同的美的理想化表达，贯穿了中国文化艺术的发展史。文人墨客多偏向于后者，他们认为那些华丽精美的艺术固然是一种美，但并不算是艺术的最高境界，最高境界的美是自然朴素的白贲之美。刘勰《文心雕龙》说："衣锦褧衣，恶文太章，贲象穷白，贵乎反本。"中国画的景象从画栋雕梁发展到水墨山川，中国人写诗作文的时候要"不著一字，尽得风流"，这些都体现了人们对于朴素简练之美的追求。

尽管中国人推崇大道至简，但这里的简是指形式。清代恽向曾言："简者，简于像而非简于意。"理想的艺术境界是形简意繁，造型简单，但内涵丰富。无论是对于书籍装帧还是别的艺术设计来说，其手法往往是需要做减法的，即化繁为简，删除冗杂的元素和多余的符号，避免过多浮华的内容，力求简洁美观。美国作家怀斯说："画面表现的东西越少，观者接受的东西就越多。"当过多的元素出现在读者的视野中时，很容易出现混乱甚至焦点的转移，体现在书籍装帧上时，就是会一定程度上分散读者的注意力，没有办法专注于书的内容并为其服务。同样，简化的呈现也不是单调乏味，其中要包含整本书想要表达的意象，留给读者能够自由地发挥想象的空间。

五、以"唯变所适"为表达手法

《易传·系辞》说："唯变所适。"万物无时无刻不在变化。唯有变化，万物才能生生不息，天地间才有欣欣向荣的景象。"生生之谓易"，《周易正义》解释："生生，不绝之辞，阴阳变转，后生次于前生，是万物恒生，谓之易也。"所以"谓之为《易》学，取变化之义"。也就是说，《周易》认为，宇宙万物的运动和发展，都植根于阴阳二气的对立统一、相互转化之中。

周敦颐在《太极图说》中说："太极动而生阳，动极而静，静而生阴。静极复动，一动一静，互为其根。"太极的运动是内在运动。所谓阳，其实就是太极的动；所谓阴，就是太极的静。动极则静，静极则动，动静相生，阴阳相随。

如果说这种动静相生的哲学观对艺术理论有什么启示的话，那么，最关键的是动静互补的节律美和气韵生动。人类创造美和审美的过程从来都不仅是一个静态的过程，而是动静结合的过程，呈现出起伏的节奏和流动之美。只有从世间万物的变化之中汲取灵感，丰富自己的思想体系，拥抱变化与突破，才能追随上"美"的步伐。

《太极图说》

对书籍装帧设计的追求，若要概括，也离不开"美"字。美并不是一个被框定的概念，而审美更不是一种规训。我们常说，在艺术创作的过程中，一定要坚守本心，相对而言，这是一个静态的过程，但在具体的追求美的过程中，我们必须要积极主动，才能谋求进步。

建筑学中有一个名词——"动线"，指的是人在建筑内外流动的路线，而动线计划也是建筑师早期设计过程中非常重要的一个环节。正如建筑通过视觉元素引导人们的活动路线一样，当读者在琳琅满目的图书中选择图书时，往往是具有动感的封面能够吸引"眼球"，在众多的书籍中脱颖而出。

在书籍装帧的重要性还没有被普罗大众所认识的时代，传统的装帧设计模式更多是一种静态的表达。这在很大程度上取决于书本内容和艺术家自身的艺术造诣。虽然书籍的造型还是会根据书中文字所呈现的精神气质和设计者的个人想法而变化和运动，但一维和单向的运动很难吸引读者的注意力。

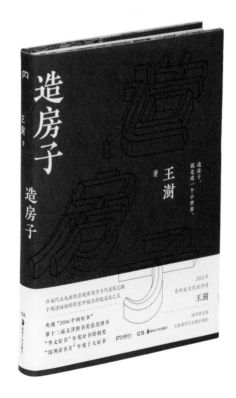

《造房子》

《书韵涵香：广东书籍设计艺术60年》

伴随着出版读者意识的增强，设计师们开始意识到书籍装帧不能忽视读者的存在，而应当将其作为与读者交流的窗口，形成双向的交流与互动，只有体会读者需求，运用读者思维，才能赋予一本书最精美的包装。因此，书籍的装帧不是一成不变的，而是常变常新，不断地追求雅正和时尚。

当下，有许多被称为后现代主义设计的作品常常运用机智和幽默的设计语言。这是由于当下高速发展的社会现实，使得民众多面临着紧张的生活节奏和繁重的工作压力，于是人们产生种种焦虑和不安的情绪，他们试图在阅读的过程中获得心绪的平衡和调剂，从而得到安慰，设计师就要适应读者的这一心理需求。从这个意义上看，"唯变所适"是时代发展所使然。

"唯变所适"也是由读者的口味的变化所决定的。以市面上最畅销的儿童书籍为例。无论是绘本还是科普类图书，其装帧设计最大的共同点就是对色彩的大胆运用。高饱和度的色调和大胆的撞色手法，以及书中插图和漫画的选择，都极大地迎合了儿童读者的喜好。因此，一名合格的装帧设计工作者必须在了解市场趋势和读者需求的基础上，去发挥自己的主观能动性。

"唯变所适"所呈现的书中"动线"，因互动而变得更加灵活，更加生动和更有美感，作者、读者、装帧设计师以及参与到书籍出版的所有人员都参与了铺设和更改动线的过程，使其更加精准和完善。一方面，书籍装帧使得一本书的呈现更加完整，丰富了读者的体验感与仪式感；另一方面，也由于读者对书籍的追求和喜好，成就了一位位杰出的书籍装帧大师。

第二节

审美之道：书装设计的华夏美学

　　爱美之心，人皆有之。在漫长的中华艺术发展过程中形成了独特的审美之道和创美之艺，如中和之美、文质彬彬、尽善尽美、气韵生动、形神兼备等，这些审美思想内化于人心、外化于行止，对传统书籍装帧也产生了深远、独特的影响。如果要为中国书籍装帧的美学精神概括出一两个关键词，恐怕是极难达成统一认识的，但若凝练为"书卷之气"四字，也许能够得到设计师们的认可。"书卷气"体现了书籍的人文特质和流动的"大化之气"。设计师将自己对书卷气概念的理解外化到书籍装帧设计中，"意在笔先"确立了美学立意，捕捉"蕴藉含蓄"的美学规律，最终实现"象外之韵"的美学核心。

一、以意在笔先为美学立意

　　清代郑燮擅画竹，其画竹心得是，"意在笔先者，定则也；趣在法外者，化机也"。意思是说，下笔之前要先立意，这是不可动摇的法则；情趣出乎法则之外，这就是变化的巧妙了。中国书籍装帧亦可遵循此法，即创作前先立意，意者思想也，此为设计之灵魂、统帅，表达了设计的观点与内涵；创作实践中不能墨守成规，应富于变化。中国书籍装帧沿袭"意在笔先"的传统，故而设计应以"意"为统领，从而达到中和相协、文质彬彬、气韵流转之境界。

（一）中和为美：实用与美观的结合

"中和"是美的内核和表现，没有"中和"，美的形态不可能产生。"和"是适度的辩证法，是一种超越的最高智慧，又是中国美学的核心精神。

《易经》对"中和"之美有很多表述，把"太和"作为最高价值目标。《易·乾·彖》曰："乾道变化，各正性命，保合太和，乃利贞。"意为天道运行变化，使万物各自获得天赋和秉性。它维持一种极为和谐的状态，从而善利万物，体现天之正道。

儒家对《易经》"中和"之美的精神加以发挥。《礼记·中庸》："喜怒哀乐之未发，谓之中。"中是心无所想之时，而一切当于理的境界。《礼记·中庸》还说："中也者，天下之大本

《画说典故》

也；和也者，天下之达道也。""致中和，天地位焉，万物育焉。"意思是说，中是天下的大根本，和是普天下的人应实现的达道。如果奋力而达到中与和的极致境界，天和地便可各居其位，置身其中的万物便可生长繁盛了。"中和"是生生不息的"催化剂"，天地万物只有处于"中和"的状态，才能繁荣成长。

中国传统美学思想强调中和之美，这种中和之美，表现为协调之美、和善之美、和合之美等。孔子主张执两用中，注重对中和之美的追求。《乐记》把"中和"作为音乐的审美标准，认为"中和"是音乐的本质，以"中和"为美，"乐者，天地之中和也"。在儒家思想的影响下，"中和之美"成了中国历代艺术家推崇的审美标准。人类的根本追求、文化的根本追求、美学的根本追求，都在"和谐"二字。宋玉笔下的大美人东家之子"增之一分则太长，减之一分则太短，着粉则太白，施朱则太赤"（《登徒子好色赋》），说明适中、中和是一种美的标志。

《无外 Boundless》

　　而对于书籍装帧来说，中和之美集中表现在实用与美观的统一上。随着书籍装帧形式的迭代升级，除了装帧形式更加多样化及其在美学上的创新外，不可忽视的是实用性的变化。古籍使用的原材料大多是木材，起初人们在木材上用篆刻、雕刻的形式留下文字，但造纸术和印刷术的发明则彻底改变了这种记录方式，纸张的发明使得记录这一行为变得更加轻松，也让书籍的查阅、存储等一系列行为更加便捷。此外，装订方式不断地改进，也是遵循着实用性不断提升的思路，从蝴蝶装到包背装再到线装，人们的阅读行为变得更加轻松。

　　民国时期，装帧设计师们在封面设计上精雕细琢，对印刷过程中原材料的使用以及印刷工艺等方面要求也非常高。比如鲁迅不仅亲自设计书籍封面，还会参与书籍印刷的具体流程。他对制版和印刷都非常熟悉，鲁迅曾经说过："封面设计固然重要，但若放松了对于印制的要求，也不会产生出好的封面与好的书籍来。"可见，印刷质量对于一本书的整体呈现来说是非常重要的，没有好的印刷，就没有赏心悦目的书籍，如果连这些硬性的需求都做不到，进一步的美学层次就不用提了。

　　此外，鲁迅对线装书的装订也有许多独到的见解和创作。比如画册的蝴蝶装，他认为："蝴蝶装虽美观，但不牢，翻阅几回，背即凹进，化为不美观。"其中不难看出鲁迅对书籍实用性的重视。

　　书籍装帧形式的演变脉络展现了古人对书籍中和之美的追求，而这种美不仅是简单的视觉呈现，更是一种与实用性相协调的整体意识，要求传统书本形式向现代书本形式的转变中，其设计内容包括充分展现书的外在形式与内在风范的完美结合，做到"形神兼备"。装帧设计对书籍的美化作用是潜移默化、润物无声的过程，它会渗透进读者的阅读过程之中，将抽象的思维以具体的感受传达给读者，使读者能够快速准确地理解书籍内容，引导读者继续阅读。经过巧妙构思的书籍外观，兼具了实用性与美观性，能更加生动地表达书本的内涵，从而使读者获得更全面、更独特的阅读体验。

（二）文质相一：内容和形式的契合

文质相一不仅是一种单纯的装帧设计理念，更是一种传统的工艺美术观点。

对比贲卦与革卦，可以看出《周易》中关于内容和形式的辩证观点。革卦爻辞提到"虎变""豹变"，象辞解释虎变是"其文炳也"，豹变是"其文蔚也"，指出是动物皮肤斑纹颜色的变化。文则是事物的外在形式，而爻辞的意思却是指发生了质变。革卦讲的是根本性的变革，是质变。上三爻提到的"豹变""虎变""革面"都是质的变化，只不过是通过文的变化把它显示出来，不能理解为皮毛上的表面变化。因此《易经》之中，既看到了文与质的对立，又看到了文与质的统一。[①]

文与质的关系实际上涉及哲学领域中的内容与形式的关系。前人用文与质的矛盾统一来解释这种关系。老庄思想，主张返真归朴，甚至坚决反对文饰。《庄子·胠箧》里说："灭文章，散五采，胶离朱之目，而天下始人含其明矣。"意思是说，消除文章，解散五色，黏住离朱的眼睛，然后天下人可保住自己的视觉之明。庄子这里强调回归事物的本质和自然，不要有文饰，这里是仅仅看到了文与质相对立的一面，而没能看到双方统一的一面。孔子更加重视文与质的统一，主张"文质兼备"，《论语·雍也》中说："质胜文则野，文胜质则史。文质彬彬，然后君子。"意思是说，质朴多于文饰，就会显得粗野；文饰多于质朴，就会流于虚浮。文饰与质朴搭配适宜，才是君子的修养。孔子这是在强调文与质的统一和谐。

把握好文与质之间的对立统一对于书籍装帧艺术尤为重要。装帧艺术是服务于书籍内容的。我们可以将书籍大致分为内容和形式，即质和文。书的内容决定形式，形式则服务于内容，内容要通过形式来表达，两者之间追求的是和谐统一的境界，也就是"文质彬彬"。

民国时期的书籍装帧在印刷封面时很少用彩色，通常只会使

---

① 马恒君：《周易辨证》，河北人民出版社 1995 年版。

丰子恺《风云变幻》

用一到两种颜色，甚至有很多是单色印刷的。这不仅是受到当时印刷条件的制约，还有深层次的原因，即中国传统美学所强调的"文质合一"的审美观念。比如丰子恺设计的很多书籍封面都是以单色为底加上漫画。漫画的笔触偏向于古典化，画面清新淡雅，神韵十足。从外在形式到内容，都很好地传达了书籍的内容和气质。民国时期的书籍大多装帧精美，风格优雅，厚度适中，封面设计也简洁大气，淋漓尽致地展现了"文质相一"的传统美学观念。

（三）气韵生动：形态与神韵的融合

"气"自古以来就绵延在中国上下五千年的文化之中，它不是一种实体，似有似无，但是却流转在自然之间。张载《正蒙·太和篇》："太虚无形，气之本体，其聚其散，变化之客形尔。"由此不难看出中华民族的"以气为本"的思维格局，在此基础上产生的中华民族艺术与文化都注重"气"的展现。南朝谢赫《古画品录》提出的"绘画六法"中，将"气韵生动"列为第一法。"气韵"的"气"，是生命精神之力量，它来自宇宙中本就在不断运动的生命存在和艺术家自身内在的创造力，"韵"为生命精神之风采，两者融合后成就了画面中的"气韵"，"气"代表一种阳刚之美，"韵"代表一种阴柔之美，"气韵"为两种极致之美的统一。富有"气韵"的画就是佳作。从此，"气韵生动"也成为评价中国画的重要标准，并且这一标准也逐渐被艺术界和文化界所接受，衍生成为一种艺术理论。

书籍的"气韵生动"，体现在书籍的外在形式的"动态"和"神韵"的表现。

对于书籍装帧设计艺术家来说，一张白纸就是一个空旷的宇宙空间。在固定的版面里，天在上，地在下，设计就在天地之间进行。这种设计讲究的是一种开合和聚散的气势，要注意"气韵"的通畅与流动，"密不透风，疏可跑马"。在设计中，点、线、面、色等所有元素都被调动起来，共同目标是成就对气韵的追求，让气韵在一种和谐、宁静的整体范围之中活跃地流动。

"书卷气"就是"气韵生动"这一艺术理论所发展衍生出的一个生动概念。我们可以从中国古籍的装帧中看到虚空之气的流动，不同的装帧形式将静态化为动态，通过虚实、疏密、曲直、分聚、上下等形式的运动变化转化为设计上的无穷魅力，营造出专属于书籍的节奏、韵律、气质和风韵。

古籍多为卷轴状，故称"书卷"。"书卷气"很多时候被用来形容人斯文、有内涵。其实这样理解起来并不难，书的外在形

《中国戏剧剪纸经典》

《醉里》

式加上内在的精神，展现出的便是一种飘逸的风采与气质。这种气质并不是只用来形容人，同样也可用于形容书籍。古代书籍的书卷气主要体现在线装书的形式和题签上。当时的题签除作者本人外，大部分均由名人题写。而到了民国时期，"书卷气"则是封面设计风格与作者本身气质的综合。民国时期书籍较少采用线装，以铅印平装本为主。为了延续传统形式的"书卷气"，有的书会以书法、篆刻画为封面，不仅形式上新颖，还具有浓厚的"书卷气"，成为民国书刊中独具特色的一派。例如，鲁迅为自己的杂文集所设计的许多封面，都是白底黑字，偶尔盖上朱文红印的形式，黑、白、红的组合，高雅又具有"神韵"，是典型的"书卷气"装帧。又如王统照《山雨》的封面，是叶圣陶所题的篆书，形式上回归到古文的形式，带来浓郁的"书卷气"。

除了通过配色、印章和书法的方式展现"书卷气"以外，还有些封面设计使用传统的水墨画来表现"书卷气"。中国山水画原本就强调气韵，笔墨之间流淌的都是文人墨客所追求的高远气象与其追求的审美风格。其中，丰子恺的《醉里》封面更是将水墨画与漫画相结合，形象描绘了醉者的形象。虽然这些书在封面设计和装帧上各有各的呈现，似乎并没有什么明显的类似之处，但它们的共同点是散发出的"书卷气"。

二、以蕴藉含蓄为审美表达

在艺术和美学的范畴里，对"蕴藉含蓄"的追求永不休止。无论在不同时代和潮流的框架中美的定义怎么变化，"蕴藉含蓄"永远是让人感到深远和舒适的表现形式。在"蕴藉含蓄"的背后隐藏着包容、纯粹的审美表达。

（一）包容：淡妆浓抹总相宜

现代书籍设计已经不是一门孤立的设计学科，而是日趋转变为综合性的学科，与各种文化艺术领域相互作用、交叉融合。哲学、文学、美学，不同的学科和文化熔铸在书籍装帧设计的发展历程中，让其化茧成蝶，赋予其全新的意义，成就了书籍装帧的"自我"。而当代中国图书设计师也在实践中从容表达自己的个性，不断打破传统书籍装帧的束缚，将书籍打造成为富有独特气质和个性的艺术品。正是由于他们自身包容的性格和开放的思维，吸收了来自各方的新锐思想，整合了各个艺术形态，才使书籍的装帧丰富多彩，又富有个性。可以说，包容性的发展推动了书籍装帧的发展。

此外，西方现代艺术的引入也影响了中国书籍装帧设计的风格和流派。现代主义、未来主义、立体主义、建构主义等艺术表达被大胆借鉴、吸收和采用。一批批留学归来的艺术家还积极引进了国外的装帧艺术形式，将西方的书籍装帧艺术理念与中国既有的艺术理念相结合，形成了丰富多元的包容发展局面。

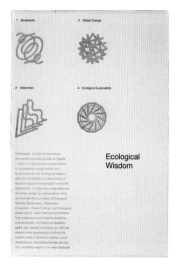

《生态智慧》

装帧设计艺术的包容性，取决于社会的宽容程度、出版单位领导的胸怀以及对人才的态度，只有尊重鼓励设计者大胆创新，才能把越来越多的前沿、新鲜的内容应用到书籍装帧上，如绿色发展理念和先进的技术等。书籍装帧从来不是一个狭隘封闭的领域，它具有包容性、创新性，也因此拥有了强大生命力。

（二）纯粹：一片冰心在玉壶

21世纪以来，随着书籍设计师的不断努力和探索，书籍装帧事业得到了发展创新，中国书籍设计艺术行业百花齐放，争奇斗艳。书籍装帧不再是设计艺术领域之中可有可无的存在，不再是出版下的附属工程，它成为一种具有专业性的艺术，一门具有独立性的学问。究其原因，是一批对艺术具有浓厚情怀的人，以其对美的纯粹追求，用专注的态度，一点点地发掘装帧设计本身的价值。近代以鲁迅、丰子恺等为首的文人用自己的作品说话，让越来越多的人关注装帧，探索装帧的规律和技巧。随着技术的发展以及书籍装帧行业逐渐发展成型，越来越多的人开始投入这个领域之中，许多装帧设计大师赋予了书籍装帧新的生命和地位，为广大读者所喜欢，并让中国的书籍装帧走向国际，为世界所瞩目。

这些书籍设计师对艺术的不懈追求与推崇，对开创新时代中国书籍装帧事业发挥着极其重要的倡导意义。他们的"一片冰心"让书籍装帧事业拥有了更广阔的发展空间。他们自身从"装帧师"到"书籍设计师"职责的转换以及书籍设计美学观念的创新，帮助大批现代书籍设计师从中汲取灵感，寻找出新颖的装帧审美标准，借助精妙巧思的设计最大限度地呈现出书籍的艺术之美，让整个行业都变得更加纯粹和专业。

书籍装帧的纯粹除了体现在专业水平的发展路径上，还体现在书籍装帧本身的美学要义上。美学原理是装帧设计所需要应用的最重要的原理之一，而在美学原理之中，美感要素的第一标准就是单纯化，单纯其实就是纯粹。对于书籍装帧来说，书本的内容、封面设计、内页设计、插画等共同构成一个整体，或者说一本书。因此，这其中一切的要素，都需要朝向同一个方向，同一个目标，这就是一种纯粹。就好比纯粹被用来形容一个人的心地、心境一样，人可以心无杂念地为理想付出，那么，设计者应凝神聚气，全副身心地投入，专注于完成一本书、成就一本书，纯粹就这样在造书的过程中铸就，最后化成这本书的精神与气质。

三、以象外之韵为美学境界

"象外之韵"建立在"立象尽意"的基础上。客观物象是"意"的唯一源泉与依据；"象"是对客观物象的能动反映。"立象尽意"是一个心物一体的过程，是象与理一体化的过程。"尽意"讲的象，是表达意义，也即意象，这是从具象到抽象的发展过程，是感性进入理性的升华。而"象外之韵"是审美的更高层次，是对"象"的超越，是乘物游心，大化外物，进入游神的境界。唐代刘禹锡在《董氏武陵集记》中首提"境生像外"，此中"境"与"象外之韵"的"韵"相似，阐发了一种深远的审美意境。象外之韵已跳脱"言意之辨"，即从描绘物象到超越物象表面意义的转变。中国书籍装帧在这种美学境界中表现出如下的要求：

（一）主次分明，错落有致

现代化的书籍装帧强调的是书籍的整体设计。这需要通过书籍装帧不同部分和要素的组合，以和谐的方式呈现与表达作品本身的内容与思想。书籍装帧艺术设计包括了装订的方式、材料选择与使用、封面的整体设计、版面布局的设计以及插画设计等多个部分。不同的装帧部分以及主题都会有着更为具体、细致的设计原则。比如分清主次，确立不同元素摆放的位置与距离等，突出思想主题、主体符号、主体画面、主体色调，形成作品整体的风格。与此同时，也要注意局部的协调。"细微之处见精神"，细小部分的精美，会让书籍的整体美得到充分的呈现。

以封面设计为例，优秀的封面设计绝非只需考虑封面部分美观与否，无论是整体的设计概念还是字体的大小、风格和排列等因素都与最后封面的呈现密切相关，还要体现设计的艺术性和韵律美。最重要的一点是对于读者偏好的观察和判断。装帧设计的风格不仅取决设计师与作者，还与书籍的受众紧密相关。如书籍内容的基调决定书籍装帧的整体风格，活泼或是严肃，淡雅或是隆重，等等。优秀的封面设计一定是立体的，层次感对于书籍内容的呈现来说至关重要，只有层次分明的元素排列才能凸显书籍内容的主次，抓住读者的眼睛。与此同时，有关于细节的装饰，则可以是锦上添花的存在，显示出设计者自身的巧妙构思与格调。

比如吕敬人《绘图金莲传》，封面设计的主色调是红色和蓝色，高饱和度的红蓝对比在视觉上十分吸引眼球，构图仿照中国传统书籍布局的方式展开，封面的插画与书籍内容相呼应，版面的线条和纹理都突出了女性色彩，留白之处带给读者对中国女性"三寸金莲"的想象。字体的选择也贴合书籍本身气质，各个部分构成书籍的整体设计与韵味，比例恰当，错落有致，具有鲜明的民族文化特色以及审美和意境。

《绘图金莲传》

（二）形神兼备，动静适宜

从应用的角度来看，装帧设计是为了更有效地传播书籍的内容。不同的设计师会因审美偏好的不同而有自己更加青睐的设计风格，但如果设计师只考虑个人兴趣爱好，忽视作品本身的内容，固执地偏爱某一种版式，毫无疑问，作品将是一个不合格的作品，无法促进内容的传播，更无法引起读者的共鸣。

书籍承载着作者的思想。设计者在进行版面设计时并非是绝对自由的，相反要依据有限的内容进行创作。设计者不仅要深入、透彻地理解作者的思想，更为要紧的就是要透过装帧向读者传达本书的内容，使装帧带有一定的引导性。设计师需在这些功能性的基础上展开整体的艺术设计活动，创造出形式与内容统一的作品，这才是优秀的装帧设计。

优秀的书籍设计师都拥有自己独特的风格，有的风格显著的设计师甚至能让读者一眼就辨认出他的作品，但这一切都要建立在不影响图书内容传播的基础上。书籍装帧是一种外在形式，作品真正的精神来自于文字所传达的内容。

《梦未央：四十五载教育生涯回望》

如果说有神无形的作品缺乏吸引力，无法让读者慧眼识书，那么有形无神的作品则只有外表华丽，缺乏内里支撑，更丢失了书籍的本质和灵魂。读懂书籍，与作者感同身受，与读者情感共鸣，这是书籍设计师的使命和责任。只有真正了解书籍以及作者想要向读者传达的内容，才能充分发挥设计师自己的主观能动性，最终赋予作品真实且动人的艺术形态。

（三）不空谈形而上之大美，不小觑形而下之小技

要遵循"天人合一""天地人和""文质彬彬""立意尽象""象外之韵"等哲学思维和审美范式，这是"书道"的要求，而书籍装帧作为一门应用艺术，又必须讲究书"艺"、书"技"，注意书籍装帧中包含的表达细节。这些细节与代代相传的装帧理念不同。它们没有被记录在书本上，也没有出现在课堂里，而是存活在书籍装帧设计的每一个环节之中。比如在版面设计中的文字编排，文字可以说是书本中最容易被忽视也最不可忽视的符号，它给读者一种微弱的感觉，远没有插图来的印象深刻，但是千千万万个文字的组合才是作品内容最详尽的载体。字的排列似乎是书籍装帧这个庞大工程中最不起眼的一环，但无论是字体和字号的选择，还是排版的呈现，都是一门精妙的学问。齐行型、居中型、自由型……不同的文字排列类型带给人不同的感觉。齐行型给人温和、严谨、理性、沉稳的感觉；居中型给人一种庄重、端庄的典雅感；自由型则是轻松、活泼、可爱的。这些都是书籍设计中微小但不可忽视的细节，无数个细节，构成了完整的书籍装帧。

第三节

创意之道：书籍装帧艺术的中国式表达

"设计是人类的造物活动，是创造人类文化的活动。"创意是书装设计艺术的最本质特征。创意理念和符号表达能够将图形创意巧妙地融于书籍装帧设计中，对于促进内容的传播意义重大。中国书装艺术的创意之道，既坚持传统，又开放包容，同时注重超越性的表达和个性化的展现，惟其如此，才能明了创新的体用，拓展创新的源泉，使其在时代的进程中创新发展演变，最终形成时代化、中国化的书装艺术表达。

一、以取材传统为创新之源

从甲骨文时期到19世纪，我国书籍形态的实物保留不多，可供人们考证书籍装帧艺术的材料较少。随着社会的进步，越来越多的材料被用作文字记录的载体。书籍装帧形式也随着文字的变化而不断演进，满足着人们阅读和记录的需要。在最初的书籍艺术史中，艺术和技术就是互相依存的两翼，推动了装帧艺术向前发展。

回眸几千年的书籍艺术史，我国古代曾经创造出罕见的卷、册、篇、帙、函等多种书籍形态以及与之相适应的从竹简到缣帛、卷轴、经折、蝴蝶、包背、线装等多种装帧形式。古籍虽素雅端正，不尚华丽，却护帙有道，辉煌灿烂。至20世纪初，受外来制版、先进印刷技术的引进及装订技术的影响，装帧艺术逐渐脱离了古籍的形式结构，开始向现代书籍的生产方式与设计形态转变。

在出版行业不断现代化的今天，回过头看传统的书籍装帧设计，它具有鲜明的阶段性特征和局限性，但也因此融入了其所属时代独有的艺术色彩，各种民间艺术、绘画、书法等装饰美与书籍装帧设计共生，让书籍所包含的文化内涵更加丰富、悠久。[1]

在上下几千年的历史长河之中，中国的书籍装帧设计艺术积淀了深厚的文化气质和风格，逐步形成了古朴、简洁、典雅、实用的东方特有形式，这是我们守正创新的根本，也是创意之源。这一广博的历史资源，是创意产生灵感的基础，给我们无限创意提供了种种可能。为此，必须在历史传统这一宝藏中开掘和深耕。

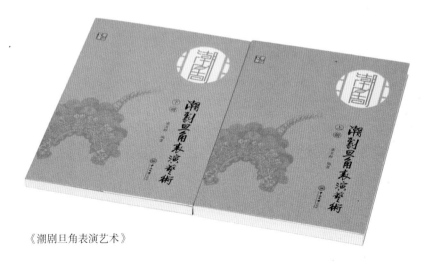

《潮剧旦角表演艺术》

---

[1] 龚旭萍：《中国20世纪前叶书籍设计的审美形态研究》，中国美术学院2008年硕士论文。

二、以融汇中西为创意之本

书籍装帧设计艺术创意之本在于融合，在于将民族文化融合到现代的书籍设计中，将传统民族文化的元素与外来文化元素交汇结合，实现内在精神的融合和超越，从现代审美的视角去重新审视传统民族文化，让传统民族文化在现代设计中得以延伸与升华，创造出中国风格、中国气派的产品。

从东西方设计的比较中不难看出，因受东西方的设计发展进程和社会历史背景的影响，二者的设计理念存在着极大的差异。不同的地域环境以及不同的生活方式都会塑造出不一样的审美标准，因此书装设计的艺术风格也会有比较大的区别。

比如，西方的书籍装帧设计会重视写实，而中国则会注重传神。从西方的书籍装帧作品中，我们不难看出，许多书籍封面都会采用逼真的照片或者借助写实手法来设计，他们评判美的标准即为真实；而中国则注重用意境、气韵去传达书籍内容的"神"，以求超越表面现象并在心灵中达成一种新的境界。除此之外，西方艺术文化重视感官刺激，中国艺术文化则注重读者审美的内心感受。绘画艺术中便可知一二，西方绘画多采用浓烈的色彩以及震撼的形式，给人以强烈的视觉感官冲击，中国画则强调点到即止，无论是色彩亦或是笔触都力求含蓄、淡雅，营造无穷的意境体验。例如中国的诗词类书籍《诗画温岭》，书籍封面并未引用任何诗词文字，只用了一幅飘逸的水墨画，便营造出了一股文人般的淡雅情怀。虽然中外书籍装帧的风格有所不同，但并不是对立的，而是可以互补，从而创造出形神兼备的作品来。

当然，书籍装帧设计中的融汇中西不是机械的拼合、照搬照抄、生搬硬套，而是淡雅与强烈相结合，是立足于作品本身达成一种精神上的融合。反之，如果仅

《诗画温岭》

停留在学习与借鉴表面的阶段，就只会让中国的书籍装帧设计走上单调刻板的道路并丢失了专属于自己的色彩。设计师要设计出真正具有现代风格的装帧作品，就必须要深切地了解传统文化精神，厘清中西文化的区别与共通之处，巧妙结合西方现代文化元素，做到真正的融汇中西，博采众长，从而创造出新的样式。

三、以因图立意为创意表达

在人类社会还未出现文字的发展阶段，人们便开始使用多样的符号和图像等来记录生活并抒发情感。文字虽然具有地域性和限制性，但是符号和图像却可以跨越时空的限制，以最简单的形式给人们带来最强烈的视觉冲击。因此，在书籍设计创意中尤其需要重视图像传达，善于运用符号、图像等"通用语言"以达到传情达意的效果。

图形是一种非语言、非文本的视觉交流形态。图形创意属于平面设计中的表现形式，是通过设计作品来提升人们的视觉敏感度和注意力从而形成视觉中心。阿恩海姆在《视觉艺术思维》一书中指出，"思维需要形状，而形状又必须从某种媒介中获取。"[1]由此可知，设计师并非依靠凭空想象来提出图形创意，而是在日常生活中不断挖掘媒介与元素，并通过发散性的思维来创造出新的图形，从而达到有效沟通和传播的作用。

在书籍装帧设计中运用图形创意，可以强化书中文字需要表达的内容，让读者更清楚、更准确地理解书中的内容。在视觉效果的层面上，图形创意赋予了书籍装帧的整体设计节奏感以及丰富多样性，通过精心的书籍版面装饰来提高读者的阅读兴趣，让读者更享受阅读。图形与文字是互补的，图形与文字的结合能够更好呈现内容与思想，也让书籍版面不再空洞，变得更加和谐。

---

[1] 田帅：《图形创意在平面设计中核心价值的研究》，哈尔滨师范大学 2016 年硕士论文。

"给孩子系列"丛书

以市场上的儿童书籍为例，很多书籍内页做成了立体的形态，选取了夸张的卡通图案，这使得儿童读者在阅读的过程中有身临其境的感觉，也贴合儿童书籍内容童真、童趣的特点。

此外，在一些记录历史的书籍中，也经常运用图形创意。史书最大的特征是纪实，正因为纪实，往往会缺乏趣味性，读者在阅读时容易感到乏味。部分历史图书会在书页中穿插历史人物插图或者事件图，既生动再现了当时的历史，又能调节读者的阅读心情，吸引读者的注意力，引导人们对这些枯燥的历史书产生兴趣，消除阅读中的疲劳感，保持自始至终的兴致。

在书籍装帧设计中，图形可以对表达文字内容起辅助作用，是书籍设计中非常重要的构成元素。图形不仅对文本内容提供了清晰而详细的描述，而且还发挥了美化书籍的价值。相较于文字传播，图形传播显得更加直观，读者通过图形的辅助表达可以更好地理解书籍内容，与此同时还能进一步地加深对书籍的印象。设计师要在充分了解书籍的主题、消费对象和市场需求的基础上为书籍装帧设计选择合适的图形，充分发挥创造力，丰富书籍装帧设计的层次，赋予书籍以韵律感，在知识传递的过程中给读者更良好的体验。

另外，由于中国有着五千年的文化传统，在深厚文化积淀中，形成了本民族的一些传统符号。这些符号已经成为当下很多设计师师法取材、与古为新的表达手段，让他们设计出古今结合，具有时代性、国际性的优秀作品。对民族传统图形的运用不能机械地套用，要把传承性和创造性结合起来，在了解各个符号内在含义的基础上，赋予其新的含义。"图文结合"这一形式就是最好的说明。汉字的产生最初是源于人们根据日常生活的万物总结，是一种象形文字，经历不断演变才由形象化的文字变为抽象化的文字。许多传统图形是文字和图形相结合的，既属于文字也是图形，蕴含了独特的意义。人们常见的"福""禄""寿"等字都是如此。又比如运用"重复"的手法，以一个图案元素为主体，将其相似形进行有秩序有规律的反复排列，这便是

滕连栋《百寿图》

重复构成。重复构成使画面效果富有
节奏感和统一性，能给读者留下深刻
而震撼的视觉印象。"百寿图"便是
传统图形重复构成的代表，里面包含
了"寿"字的百种写法，初看字字无
异，细看却是各有千秋，字体无一雷
同。这些特点，或者说是符号形式，
都经常运用在书籍装帧之中。

　　除了符号的外在形式，传统符号
运用的关键在于符号寓意和书籍思想
的契合。在我国传统文化中，隐喻既
是一种描述方式，又是一种常用的思
维方式，因此，书籍设计中隐喻的表
达也是设计思维的表达，借助封面图
形的特征来传达某些单靠文字难以表
述的意义、情绪或者气氛，这是中华

《彷徨》

民族文化特有的复杂语义环境下的一种特色，体现在符号视觉上
更是一种高层次的美感。书籍设计中的隐喻表达最重要的特点，
即通过象征性或者关联性的图形符号来暗示书本所要表达的信
息，是一种意境和神韵的传达，它能够借助符号本身的文化涵义
构建出丰富的语义氛围。比如由艺术家陶元庆设计的鲁迅的小说
集《彷徨》，封面由3个几何形状组成的人形正孤独地面向太阳，
暗喻着渴望光明，恰如其分地表达了书籍内容的思想。这种运用
民族传统图形的表现手法，是"因图立意"的创意表达，既有传
统文化意味，又有现代风范，是非常可贵的探索。

四、以尊重个性为创意之力

　　作品的个性化是设计的重要特征。展示个性，是一种创新需
求与创造能力的体现，对于书籍装帧来说是不可或缺的。个性化
体现在书籍装帧上，是设计师以纯粹表达个人情感为基础的独特

风格特性，表达了某种特定感受、体验或理念。设计风格会受个人习惯、文化修养、知识结构和生存环境等要素的影响而有所差别。每一位设计师都希望自己设计的作品在展现自己个性的同时是独一无二的。读者更容易被富有个性化特征的设计所吸引，个性化的设计才能使书籍的设计在作品和读者之间建立起一种极具美感的视觉交流。

设计师在书籍装帧设计活动中可以根据自己的喜好，选择设计的切入点以及适合表现的设计形式。富有个性化的书籍装帧设计，不仅可以完成书籍装帧的艺术使命，还能使书籍更加生动，更具有情趣和魅力，从而吸引读者的注意，给读者留下比较深刻的印象。

设计师的作品，带着设计师本身的底色，蕴含着个人的思想观念和情感体验，这也是一本书籍的独特价值。书籍装帧设计必须要坚持"以人为本"，承认人的个体差异，尊重个性发展，尊重个体的独特体验，关注人的生命成长和自由发展，这是艺术发展走向繁荣的必然选择。不同的设计者具有不同的兴趣爱好、知识阅历以及审美趣味，会有独特的个性表现。如果设计作品都坚持千篇一律，必然丧失让人回味无穷的艺术魅力。

总而言之，作为一个合格的书籍装帧设计师，要尽量多地学习并获取多方面的知识和生活经验，努力做到书装的使用价值、审美价值和文化价值相统一，使设计作品既能表现设计师本人的个性特征，又能反映其对人文关怀的追求，达到双方的和谐统一。

中 国 书 籍 设 计 艺 术
ZHONGGUO SHUJI SHEJI YISHU

"设"艺

中国书籍装帧美学技法

第三章

书籍装帧经过长期的发展，已经成为一门独特的艺术。从最初的依赖附生到如今和谐共生，适度反哺，成为一门独立的学科。在艺术审美规律之上，形成了独特的艺术表现法则，如对称与均衡、对比与调和、节奏与韵律、变异与秩序、变化与统一等。正是由于中国书籍设计艺术讲求文质兼美的独特风格和审美特性，书籍具有了独特的"书卷气"。

第一节

大象无形：书籍装帧的美学设计理念

大美往往是自然的、本真的，并不需要依附于外在繁复的形式与表象。书籍装帧设计追求的大美，是指版式设计在充分理解本书内容的基础上，通过恰当的设计方式来编排内容元素。在这个过程中，设计师将创作灵感融入装帧设计中，隐藏斧凿、不设铺排、不事雕琢，使其看不出人为的痕迹，最终抵达大象无形的至美之境。

一、版面的设计原则

书籍出版的流程中，版面设计是非常重要的环节，对设计者的要求非常高。从形式上看，版式设计似乎只是缩放版面上的各个元素，进行随心所欲的排列组合，事实上无论是文字、符号还是图片或其他的元素，它们的大小以及所在的位置都是在设计师经过深思熟虑之后决定的，版面设计的终极目的是在视觉上更有效地传递信息。作为平面设计师，如何合理安排版面上的内容，并将书籍的思想传递给读者，是有一套系统化、可参考的设计方法的。版面设计不是单纯依靠工具的机械技术，而是设计师在理解书籍内涵之后，发挥主观能动性，用可视化的方式来传达作者心声和书籍内容。

版面设计是书籍装帧的核心工作。版面是书籍构成的基础单元，也是和读者联系最为密切的单元。版式设计体现在包括开本、封面、书脊、环衬、扉页、目录、插图等在内的每一部分，而每一部分的版式设计都必须根据书本内容以及特定的版面要求，将文字、图片、符号、色彩等视觉元素进行编辑和处理，在此基础上发挥创新性，合理改造部分元素与形式，将创意概念与设计巧妙结合，最终诞生出一个令人满意的书籍版面。

（一）对称与均衡

对称追求的是一种形式和数量相对的平衡。对称有放射对称、左右对称以及倒置等多种形式，对称的构图追求的是布局的整齐、庄重和宁静。如果书籍本身的内容就是安稳平静的，那么，对称的版式设计毫无疑问就是最理想的选择。

《南粤先贤图谱》

对称是版面编排中最常用且最不容易出错的技巧。在版面的中心布轴，以轴心为准向四周扩散再做具体的编排设计，围绕轴心展开的设计既美观又对称，这样呈现出的布局会在视觉效果上给人舒适的感觉。但是，当传统的版面设计过分追求等形、等量以及对称，就容易带给人一种机械、俗套的感觉。现代版面设计摒弃了传统的思维，并不追求绝对的对称，而是以对称为大布局，在大布局之中安插小细节，追求灵活多变的对称形式，将对称与不对称巧妙结合。

均衡与对称的区别在于均衡追求等量不等形，均衡不一定对称，关键在于版面重心的稳定。均衡的版面设计相对于对称来说自由度更高，版面的视觉力求有流动的效果，动中有静，静中有动。版面的均衡可分为对称均衡和非对称均衡。对称均衡是版面中心两边形态具有相同公约量而形成的静止状态，整体给人庄严、稳重之感，体现一种高雅的状态；非对称均衡是版面中等量不等形的状态，相较于对称均衡会更为灵活自由，体现一种现代感。

对称和平衡存在于生活的方方面面，二者共同铸就一种平衡感，受众会相当重视这种平衡感，因为平衡感在一定程度上会影响人们的视觉判断，这种影响在人的潜意识中发挥着重要的作用。

自古以来，中华民族一直奉行中和平正、平衡共生的理念，正如《周易》所说的"无极生太极，太极生两仪，两仪生四象，四象生八卦"，这其中选择了中和均衡而化生万物的历程和审美情趣。人们从平衡之中总结生活的规则，从数字的使用（如日期、时间等），到图形的设计，再到诗歌的韵律等，都讲求对称与平衡。

无论是在装帧设计中，还是在艺术创作中，我们都离不开对称与平衡这两大要义。通俗地说，对称是指一个物体的上下对称，或者左右相称。比如常见的喜字贴纸、门窗，以及大部分的建筑等。平衡则是反过来，通过编排与组合，让不对称的事物展现出协调的一面，从而给人们带来视觉和心理上的平衡。常见的如人脸、树木，等等。

大部分人对于对称的理解就是左右或上下是一样的。事实

"地名古今"丛书

上，对称的表现形式有很多，不同的对称表现形式上也存在着差异。比如银行门口的两只石狮子，远远看去它们在形状和大小上都是对称的，但是仔细观察后，其实两只石狮子却呈现出不同的样貌。在日常生活中，很多看上去对称的物体在细节上都存在着差异，这就是我们所说的对称性差异。因此，对称性并不等同于完全一致。对称的构成在宏观上是轴线左右或上下的相似，但这种相似是相对的，在很多细节上都藏有属于设计师的巧妙构思。对称性差异在书籍装帧上也一样适用，在进行书籍装帧时，对称不过是编排的一种方式，如果规定书籍版面的上下左右都完全一致的话，书籍设计也就失去了其本身的意义，整个作品会变得死板、单调、无趣，毫无美感可言。平衡的版面是在适当对称中融入不对称，既不会使画面看上去太突兀，也不会丢失作品的美感。

平衡的原理体现在我们日常生活中的方方面面。例如人在单腿站立时为了维持身体平衡会转移身体重心，会让身体朝着另一个方向倾斜，形成一个看似不稳定但是却平衡的视觉效果。当我们在设计封面时发觉画面整体不协调、重心偏移，或左右空间的元素大小不一使画面突兀时，我们就可以遵循平衡的原理，通过调整元素的颜色或是位置来保持平衡。当这个原理应用到版面设计上时，在设计的过程中，平衡只是一种手段而非目的，我们不能被平衡所束缚，应该尽可能地大胆创新，灵活调整各种元素，追求画面的动态美。

总而言之，书籍装帧所追求的美不是一成不变的，这种审美追求会随着时代的变化和发展而变化。"平衡"的概念只是实现美的其中一种形式，对于书籍装帧设计来说，重要的是把握作品功能性和美观性的平衡。

（二）虚实与留白

虚实与留白是中国时空意识在艺术中的体现，也是书籍装帧实践中的一种特定的表现手法，尤其体现在封面设计上。

虚与实是抽象与形象的表现方式，现代书籍的封面设计与以往不同，封面的视觉中心不一定得是某种具象化的形态，很多都是通过有特殊含义的符号传递出简洁且富有力度的表达，让读者通过抽象的思维接收和理解。这种极简主义的审美趋向，在某种程度上让封面设计的视觉意象以及意图表达得更加清晰。这种设计方式的秘诀是在封面的布局中处理好"虚"与"实"的关系，通过合理的设计将虚空间和实体元素巧妙融合，打造一种意义与意境。在"虚"与"实"关系的处理当中，发挥主动性的空间是非常大的，设计者的想象和灵感都可以在虚实之间发挥，版面上的元素可以不再是枯燥、琐碎的排列，而是在虚实之间灵活游走，大胆开拓虚空，让读者免于陷入审美疲劳之中，提升实体元素的存在感，让版面更加丰富且富有层次，形成视觉上的韵律，也在虚实之间展现书籍本身的气质与精神。

当虚实相生具体应用于书籍装帧时，哪里应该"虚"，哪里应该"实"，自然就成为了需要关注和思考的首要问题。

作为书籍封面装帧设计的实际形态，"视觉中心"是一个具象的概念。它的任务是通过自身存在直击书本主题，或者以书籍的某一个符号为焦点，吸引读者的注意力，从而传递具体的内容。读者选择书籍的过程是一个注意力收放的过程，在没有明确的需求时读者的注意力会落在书籍的封面上，而封面的聚焦点就是读者注意力的落脚点，因此，作为封面设计出发点的聚焦点承担着要吸引读者感官的重要任务。为了顺应大多数读者的思维逻辑，聚焦点需要有一个比较具体的表达方式，才能留住读者的视线，也就是"实"。由实体元素形成的视觉中心，使读者能够结合其生活经验，直观感受到设计师想要表达的意图，从而理解书本所传达的内容，这是一个挑选书籍的过程，也是读者为书籍定位的过程。因此，聚焦点的存在以及表达方式对于书籍整体意义和精神的表达是非常关键的。

"虚空"的存在，则是因为在清晰的实体元素周围，需要营造一定的空间和距离。有限的版面能够传达的内容也是有限的，当书籍的主题已经在视觉中心上有了很好的体现时，自然就需要一定的空间来突出其重要性，这种空间的存在是留给视觉中心的，同时也是留给读者的。"虚空"需要通过微妙的意境营造出一种含蓄、未知的视觉美感，让读者在感知、思考和联想中体会书籍本身的魅力。

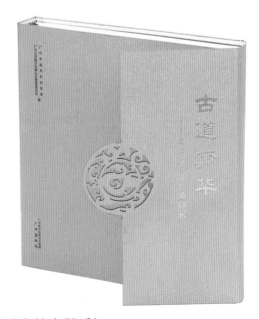

《古道梦华：北京路千年古道撷采》

　　留白是绘画和艺术设计中一种强有力的表现手法，也是书籍装帧设计中重要的表达方式，更是很多封面设计中的亮点。留白最早多用于中国传统的绘画艺术中，这种以空间布局来渲染含蓄、内敛情感的手法，可以达到"方寸之地亦显天地之宽"的境界，是典型的东方思维和东方美感。留白讲究"计白当黑"，意思是指不论是空白处，还是落笔处都属于画面的整体，在何处留白也是画面构图的一部分。留白的地方不会出现较多的图文，主要是以"虚"的方式，让"实"处的描绘更加清晰和突出。留白给画面带来了一种慢慢递进的层次感，给人更多想象的空间，通过"虚"与"实"的对比，拉大了整体画面的格局，也让画面更加高级与和谐。

　　以绘画艺术为例，宋代马远创作的《寒江独钓图》中的留白就展现出了深远的意境，更好地抒发了画家的情感。画面中只有一叶扁舟和一位正在垂钓的老翁，四周除了勾勒的淡淡几笔江水的波纹外再无他物。着墨处非常少，但看上去丝毫不觉得画面很空。相反，传递出的感觉是江河浩瀚、万籁俱寂、意境悠远，空白之处是一种可以意会的空虚、寂寥与孤独。

宋代马远《寒江独钓图》

留白这种视觉表达形式无论是在传统的绘画艺术中，还是在现代书籍版面设计中都运用非常多，除了表达传统思维中的虚实相生以外，还切合现代审美"简约"的需求。留白的关键就在于对比，以空灵来体现丰满，以素雅来衬托鲜艳，让读者的视觉感受不止于单一的维度，得到多维的、更强烈的冲击。

在艺术作品中，留白主要用来表现"虚"。根据视觉审美的规律，"虚空"的设计可以减缓读者的视觉疲劳，使得画面达成一种平衡与和谐。通过对虚空间与实体元素的编排，寻求虚中有实，实中存虚，虚实相生、和谐统一的效果，才能达成书籍装帧中"虚"与"实"关系的理想境界。

（三）比例与分割

比例与分割是点面结构和布局要考虑的问题。比例对视觉美的重要性是不言而喻的。人们谈论"美"时最重要的衡量标准之一就是比例的恰当性，而"黄金比例"就是这种恰当美的典型体现。公元前6世纪左右，古希腊数学家毕达哥拉斯在正五角星的构成中发现了最为和谐的比例，后来被称为"黄金分割率"，比例为1：0.618。

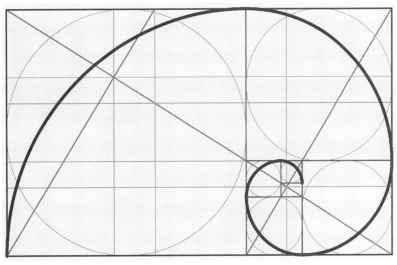

黄金分割率

对于整个艺术史来说，黄金分割率在很多方面都产生了巨大的影响，其中典型的应用成果主要体现在建筑、雕塑、绘画艺术和平面设计等领域中。

有学者认为，对人体比例的研究早在古希腊时期就已经开始，并且这种比例关系已经被应用到早期的艺术设计中。最早研究人体和建筑比例的学者是古希腊建筑师维特鲁威。他认为人体本身就存在和谐的比例，基于对人体比例的理解以及自身的审美意识，他提出神殿建筑物也应该以人体的完美比例为参照。在其《建筑十书·第三书》中有这样的论述："没有均衡或比例，就不可能有任何神庙的位置。要与姿态漂亮的人体相似，要有正确分配的肢体。"在维特鲁威人体比例说的影响下，古希腊

《书艺问道：吕敬人书籍设计说》

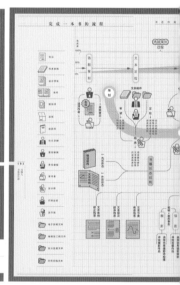

《书艺问道：吕敬人书籍设计说》内页

时期的建筑和雕塑都非常注重比例的协调，帕台农神庙就是按照维特鲁威人体比例视觉美学进行设计的典型例子。

13世纪，意大利数学家斐波那契进一步研究了黄金比例，发现了斐波那契数列。除了斐波那契数列以外，这一时期还有许多理论成果使人们相信黄金比例本身就存在于许多事物中，比例在美学中的重要性也得到了进一步的提高。人们越来越认识到所追求的"自然美"最基础的要义就在于比例的协调。黄金分割的审美价值由此得到确认，并被引入艺术设计和审美创作中。文艺复兴时期，数学的复兴使画家对几何产生了浓厚的兴趣，作品中尤其注重比例的构建，这一时期的绘画艺术也奠定了比例在艺术领域中的地位。

从书籍装帧设计的流程来看，无论是哪一部分的装帧设计都需要充分考虑比例的设置与分配，读者视觉内各个要素的排列与安置都有特定大小和比例的要求。字号和插图的大小、段落与边距的设定，封面以及内页的整体排版，都需要通过适当的分割与比例以保证整体的和谐。

以书籍的开本为例，书籍开本是书籍装帧的前提性工作，关

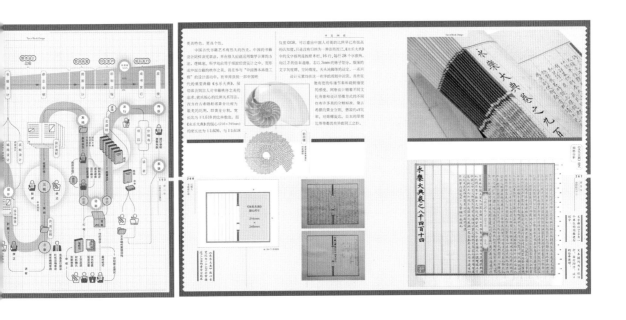

《历史的"场"》

系到图书整体效果的展示。书籍开本是书籍设计之初就应该考虑的问题，而书籍封面、文字排版、字体设计、版式等因素其实都是在开本确定的基础上进一步进行的。通俗地说，书籍开本其实就是书本版面的大小，以整张纸裁切得到的纸张数为基准。书籍的基础材料组成是纸张，因此纸张材料和裁切方式的选择是决定书籍开本大小的基本条件。

书籍开本分为开本大小和开本尺寸。虽然看上去类似，但其实这是两个截然不同的概念。书籍开本的大小是指一张全开纸经过裁切以后产生的纸张数。一张全开纸裁切成64张就为64开，裁切成32张就为32开，不同尺寸的全开纸能裁出相同的张数。书籍开本尺寸是指在已规定的开本幅面内将书籍裁切装订而成的实际书本尺寸，不同的纸张在相同的开本幅面内开本尺寸也不同，这也是书籍最终的成书尺寸。

创意在书籍装帧设计中十分重要，但创意也需要理性的参与以及技术的支持，与"数"紧密相联系。书籍的"数"体现在方

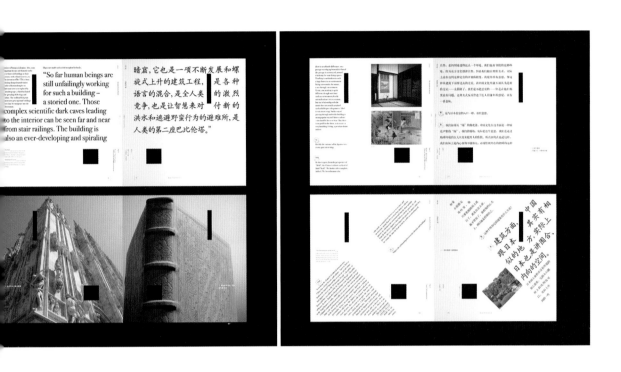

方面面，最为显著的就是书籍的高与宽及其决定的比例，书籍开本大小就是书籍的高与宽，高度和宽度也决定了书的比例，影响着书的美丑。在设计书籍开本时，根据图书内容、性质、阅读对象和定价等因素，去探索和确定最恰当的高宽比例，是实现完善书籍审美的最初方向。

除了书籍开本的确定，视觉上的比例分割还体现在每个装帧设计的细节上。在阅读过程中，人眼是获取书面信息最直接的视觉器官。研究数据显示，正文文字采用10号字，当行长大于110毫米时，阅读就会出现误读或跳读的问题；当行长为120毫米时，阅读速度就会明显减慢。在80毫米到105毫米之间的行长，阅读起来是最为舒适的。

总而言之，各种大小和比例的出发点和落脚点都是读者的阅读需求和书籍内容。综合书籍内容呈现以及大众读者阅读习惯，对书籍的版面和元素进行划分，才可以确定最恰当的比例，让书籍足够美观。

（四）节奏和韵律

歌德曾经说过："美丽属于韵律。"节奏和韵律原本都属于音乐的概念，这是许多艺术形式力求达到的境界。节奏和韵律也经常用于现代版式设计，正如我们聆听一首动人的音乐时，音乐的节奏和韵律并不是一成不变的，在用"复调"的基础上，仍会有很多微妙或明显的过渡和变化。

对于书籍装帧来说，节奏就是不断重复的频率中推导出的一种规律，是按照一定的顺序重复排列形成的一种律动形式。排列的依据有明暗、粗细、大小、长短等等，如悠扬的乐曲，都有一定的节奏，但是节奏也并不是只能用声音这一种单一的形式来传递。图形色彩的交错，渐变的递进，版面的松紧，以及页面力度的强弱，投射在版面中都是一种节奏。书籍的编排不能缺少节奏感，没有节奏的书籍版面只会出现杂乱的元素堆积，给人毫无章法的印象，更无法有效传递书籍信息。当获取信息变得困难时，书籍装帧也会丢失其存在的意义。

《剪出一个小世界》

在书籍装帧中，有些设计师认为排版只是一种外在装饰，他们通过几何图形的重叠和图案的整齐排列来丰富布局，呈现出来的作品看上去似乎并没有问题，但千篇一律的版面和单调的元素，让整本书显得单调呆板，这种作品充其量只能是流水线印刷工艺下的产品，不具备艺术和思想的深度，因此也不是书籍装帧所追求的理想化成果。

事实上，比节奏更高一级的存在是律动。韵律是不同节奏的组合，是节奏的一种升华。韵律比节奏更为优雅、轻松，通过节奏的组合和变化可以产生更为高级、完整的美感。

在音乐品鉴中，一成不变的旋律会使人感到无聊乏味。因此，在设计书籍时，要避免过度重复带来的视觉疲劳，把握读者追求新鲜和刺激的心理，适度变换节奏，在特定的点、线安排适合的元素，打破单调，这样设计的书籍才更富有特色，也更容易吸引读者的阅读兴趣。在版面中不同的文字、图形和色彩会给人带来不同的视觉和心理感受。应通过调整它们的具体参数，以及各个元素之间的关系，使用对比的方法创造版面上的节奏与韵律，增强版面感染力，使版面更有情调和艺术性，而不只是进行没有灵魂、缺乏美感的排列组合。找到与书籍内容本身最契合的节奏与旋律，才能让版面的呈现更加富有情感，更加活泼。

（五）自由和秩序

从艺术的角度来看，呈现美的形式是多样的，美的感知、品鉴是复合性的，书籍装帧设计也应适用这一审美需要。从美的形态看，最典型的就是自由和秩序。就语义而言，自由和秩序是相对的。前者的特点是随意且不受约束，而后者则是受某些因素影响的规律性表达。但无论是前者还是后者，在版面编排上都是非常重要的叙述方法。

书籍装帧艺术所讲的秩序，多是整齐规整的图形，具有物理性质，与机械活动相联系；而自由则表现为随机变化的事物，具有生物特征，与有机生命相联系。

在书籍装帧中究竟选择自由还是秩序？这主要取决于书本所呈现的内容。以封面设计为例，内容比较客观、逻辑性强的书

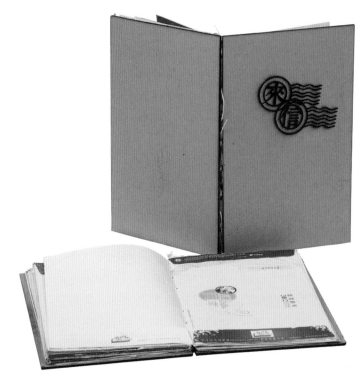

《来信》

籍，如科学理论类书籍，其封面一般更注重秩序。此类书籍的封面多采用几何图形或字母等元素排列整齐，达到舒适、严谨的视觉效果，符合书籍本身的基调；而许多人文、艺术和文学书籍，如很多畅销小说的封面则是洒脱、浪漫，富有想象力，更注重自由的表达。它们多通过插图、图像等元素和色彩的融合，构建出独特而富有创意的版面，给读者耳目一新的感觉。

　　需要指出的是，虽然自由和秩序是两种不同的表现形式，但它们并不是两个完全割裂的对立面。正如辩证法中所强调的"你中有我，我中有你"，书籍版面设计之中的自由包含着秩序，秩序也包含着自由。在自由化的布局下，每个元素都有其特定的大小和位置，并不是完全随心所欲地排列，这背后也藏着一种秩序。而在秩序化的布局下，色彩的设置和对比也并非一成不变，统一的规律之中仍有主次之分，也因此能够凸显亮点，这也是秩序之中包含自由的表现。

二、插画的呈现方式

对于书籍来说,文字是最重要的表达方式。但是,如果书本上只有文字表达这一种形式,内容则很容易显得单调、冗长,尤其是在当下快节奏的时代背景下,人们的深度阅读能力有所下降,很难长时间地专注于一件事。如果人们的阅读行为不集中,书籍的内容和信息就无法得到有效传播。

插画作为一种艺术形式,可以很好地融入文字和书籍之中,以更丰富、更生动的形式补充和描绘文本,在传达内容的同时传达特定的美的形象,增强内容的感染力。同时,还能起到调节读者心理,减轻视觉疲劳的作用。随着当下书籍装帧设计的不断发展,插画已经逐渐普及,应用在各式各样的图书与版面之中。

(一)插画类型与编排

插画事实上是最古老的设计形式之一。"插"是切入的意思,最初插画是指文字段落中插入的图画,主要作用是对文字内容的阐述、说明,或者为读者提供联想的空间,以加强文章整体内容说服力,后来在插画这一形式逐渐普及后就泛指所有具有明确目的性、功能性和商业性的绘画。

随着书籍装帧理念的进步和印刷工艺的发展,插画与书籍、杂志、报纸等印刷品的连接日益紧密,在平面媒体上获得了更多的表现空间,成为主要的视觉艺术元素之一。传统插画必须要有依附的载体,它与独立绘画艺术不同,不单独承担描绘主题的功能和意义,主要是一种工具性的表达,但书籍插画中也有一些非常出色和亮眼的作品,其本身就具有很高的艺术价值和审美价值。

插画根据不同的分类标准可以细分为不同的具体的类型。根据功能来划分,可以分为艺术插画和商业插画。艺术插画更多是纯粹地服务于书籍内容,多通过艺术化的表达形式来辅助文字内容的呈现,而商业插画则是从市场角度服务于书籍与其他产品的合作。

除此之外,插画也可以按照表现手法划分,这种划分是基于插画本身的特点和完成方式来界定的，有摄影插画、绘画插画和立体插画等。

摄影插画，是当前我们最为熟悉和常见的一种插画形式。它的特点是能够直观表达主题思想和观点，呈现画中事物的真实感。摄影技术的发明使人类能够最大限度地还原事物原本的样子，其有着超乎文字的准确性，当摄影图片出现在书籍之中时，往往能够给我们带来身临其境的感觉。

绘画插画，通常是邀请画家通过手绘的方式完成对应作品，插入到书籍之中。依据书籍内容和艺术家个人的绘制风格，有写实、纯抽象、具象、卡通、图解式等多种呈现形式。绘画插画的方式既生动还原地弥补了文字的局限，也为读者的想象留有一丝空间。

立体插画，是一种较为前沿的极富表现力的插画形式。立体插画需要对成品有一个初步的预设，并基于此不断调整，设计者需要掌握一些3D技术来进行设计和表现。立体插画对书籍版面以及纸张的选择和呈现要求较高，一般用于特殊题材和类型的书籍之中，比如儿童类绘本等。

（二）插画的艺术特征

插画虽然是构成书籍的一部分，但也是一种独立的艺术形式，具有着鲜明的艺术特征。

插画具有通俗性。商业的高速发展加快了插画艺术普及的步伐。越来越多的人关注插画，热爱插画，对插画展现出更多的热情。市场对插画的需求扩大，于是，行业内涌现出越来越多专业的插画师。在当今这个都重视视觉审美的时代，要想触及大众，拥抱市场，光有文本表现是不够的，还要有插画的衬托，做到图文并茂，雅俗共赏。插画和文字的使命是一致的，即要让读者看得明白，要传达作品的内容和思想，所以插画在一定程度上需要满足、迎合大众的审美需求，遵循大众品位，提升沟通效率。

插图具有形象性。这也是插画的艺术特征。作为一种视觉艺术，插画与语言文字的最大区别在于它的直观性。生动、醒目、通俗易懂，是一幅插画必须达到的要求。然而，插画肩负着表达

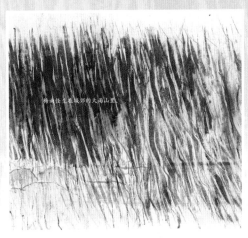

《梅雨怪》插画

的重任，纷繁复杂的文字内容要如何让读者一目了然，这并不容易。在表达作品内容时，有些话语的表述是十分轻松的，而有些话语则相对难以描述，尤其是一些比较曲折、晦涩、抽象的概念。这时候，发挥插画的形象性特征用以描绘概念并将其视觉化是非常必要的。插画通过视觉上的表达，将复杂抽象的思想直观地呈现在读者面前，让具有不同文化程度和思想阶段的读者都可以理解书籍的内容与思想。插画作为文本的互补要素，是一种更容易被受众感知到的美的形式。

插图具有趣味性。这也是插图在书籍装帧中发挥传达、感知功能的原因。插图的存在很大程度上是为了吸引观众的注意力，所以趣味性是必不可少的。面对汹涌而来的海量信息，人们会对充满趣味性的视觉图像语言给予更多的关注，尤其一些优秀的插画作品，不仅可以传达插画者的设计理念和艺术观点，也可以缓解读者由于长时间阅读文字所带来的视觉疲劳，给人留下活泼有趣的第一印象。有趣的插图可以直观、准确地向读者传达文本的深层含义和内容，并通过有趣的表达方式体现作者的初衷，增强书籍的吸引力。

《皮影里的大黄》插画

（三）插画的设计方法

虽然现代插画艺术的创作手法以及可以应用的元素丰富多样，但在如今已不能仅靠一支笔和一张纸来完成插画设计。新技术的不断涌现促进了新的创作方式的衍生，同时也推动着现代与传统的结合。"新"与"旧"的结合，让当下的插画艺术有了新奇又丰富的视觉呈现，演变成为越来越多的形式，如摄影、剪纸拼贴、现代数码插画等艺术形式。"插画"的概念范畴不断被扩大，而且出色的插画作品由于带有插画师本身强烈的风格特色与感染力，能给读者带来更深的印象和更强烈的冲击，成为了描述文字和补充解释的最佳方式。

一般类型书籍的插画设计主要围绕文本内容展开。对于传统书籍来说，版面的主要内容几乎都是文字，插画主要起到解释文字内涵、丰富书籍内容、促进读者讨论并引发读者思考的作用。对于插画设计师来说，要想设计出满意的作品应用在书籍中，前提是必须深入理解书籍本身的内容，并且具备捕捉书籍重点、亮点、热点的能力。其次还要有对文字较高的理解能力和娴熟的绘画技法，要能用简洁、清晰的艺术手法来表达内容和主题。大多数时候，插画师面对的是一个个命题任务，插画师需要在已确定的创作主题中大显身手，充分展现插图的独有魅力，使插图成为信息和文化传播的重要手段，准确、直观、生动地反映图书内容以及作者思想。

插图应用于杂志时，其设计与创作方法与书籍有所不同，杂志对插图的需求量非常大。如果说对于传统书籍，插图是文字的补充说明和点缀，那么，在杂志中插画也许会超越文字，担任最大的主角。这是因为读者已经进入了"读图"时代，他们需要更加轻松的阅读。随着印刷技术的不断进步以及杂志的阅读需求增加，杂志的印刷效果比普通书籍要精致很多，插图的视觉效果也更能吸引读者。杂志的精心编排的内容，再配以丰富多样的插画，使杂志被赋予鲜明的风格特色。当插画艺术应用在书籍中时，也赋予了书籍装帧设计更多的空间和自由，插画师也可以在形式上进行更大胆的创新，突出视觉的表现效果，尽可能地吸引大众眼球。

如果按照杂志类型划分，一般来说，杂志插画可以细分为文学杂志插画、新闻杂志插画和时尚杂志插画等。这些杂志根据出版时间一般能划分为周刊、半月刊、月刊和双月刊，相较于书籍而言周期性会比较强，是一种定期定时的出版物。不同类型的杂志插画也有着各自特征：文学杂志的插画主要是依靠插画师运用理解能力，展开充分的想象来体现内容和意境，这类的插画一般都具有很强的艺术观赏性和故事性；新闻杂志的插画往往纪实性较强，偶尔也会运用一些夸张、对比的表现手法，使作品准确清晰，寓意深刻，读来耐人寻味；时尚杂志插画是最受年轻读者喜爱的，由于所提供的娱乐消费信息具有引导性和趣味性，插图的设计也更加富有艺术表现力和动感，可以说是一本杂志的魅力所在。

三、色彩的运用

书籍装帧作为一门应用性的视觉艺术，对色彩的运用有着很高的要求。出色的书籍装帧作品能够提升书籍的美观程度，让人一看到书籍的封面就印象深刻，从而提高读者的购买欲望和阅读兴趣。色彩是构成书籍装帧的重要元素，能否合理运用并搭配色彩，展现色彩的魅力也是书籍装帧设计成败的因素。色彩的表达和运用是一门学问，对于书籍和读者来说更是一种直观的导向性信息。

书籍装帧作为一种视觉设计艺术，其奥义就是赋予文字更深层次的生命力和感染力，使书籍作品形象化、立体化，大大提升读者的阅读兴趣和视觉体验。无论是在艺术创作还是在生活之中，当人们观察某样作品或物体时，对视觉刺激最直接的就是它的颜色。有数据显示，人们对色彩的关注约占整个视觉体验的80%左右。由此可见，要让一本书在万卷图书中脱颖而出，就必须掌握色彩这门学问，将其有效地运用在书籍装帧之中，以抢占读者眼球，吸引读者注意力。

（一）情感勾连：激活读者的情绪感受

色彩连接着人的生理反应甚至更深层次的心理感知。作为一种视觉语言，它具有极强的表现力，因此，在书籍装帧中起着举足轻重的作用。虽然色彩本身是一种客观的形象，但由于生活经历、思想情感、兴趣爱好等因素的不同，接触到同一色彩的人群会产生不同的心理反应或感受。因此，设计师对色彩的理解和运用应该是一个动态的过程，他们需要在充分了解不同色彩的含义以及不同群体及其特征的基础上，在书籍版面设计中选择最合适的颜色，以激发人们对书籍的强烈感受。

虽然由于个人经历和背景的不同，人们对同一颜色会产生不同的理解，但是在大多数情况下，人们对某一色系所产生的认知还是具有统一性的。比如，当人们看到红色时，联想到的具体事物是火、太阳、血等，联想到的抽象概念是忠诚、温暖和热情等；当人们看到绿色时，往往会想到山、树、草原等具体的事物，也会想到和平、宁静和生机等抽象的概念。

《爱在恰逢其时》

"知道咖啡"系列

　　因此，在选择版面颜色时，设计师不能只考虑自身对色彩的主观感知，还要考虑颜色本身的意义以及它可能给读者带来的视觉体验和心理体验。

　　在绘画艺术中，颜色是表达作品情绪的最佳方式。对于书籍装帧设计来说，版面中颜色的运用与搭配对于传递书籍情感，引起读者共鸣也是至关重要的。色彩引起的心理效应主要包括直接心理效应和间接心理效应。前者是一种视觉感官上的刺激，视觉上的刺激通过神经传递到内心，就产生了心理体验。直接心理效应也称为色彩感觉效应。而间接心理效应则是由直接心理效应进一步发展而来，当直接心理效应的心理体验进一步引发情感、民俗、信仰、生活习惯、象征意义等一系列心理效应，这就是间接心理效应。间接心理效应，又称色彩的心理表现，是色彩的一种更高层次的应用。

　　书籍装帧之中的色彩运用恰当，可以起到更好的传播效果。多样化的色彩表现形式，在丰富受众视觉感受的同时，向受众传递图书信息，激发读者的购买欲望，增加了书籍的销量。

（二）功能阐述：赋予版面生命力

在版面设计中，色彩的添加可以让平淡单调的版面瞬间焕发生机，起到"画龙点睛"和"锦上添花"的作用。版面设计中的色彩，需要考虑受众对颜色的心理反应，也需要契合版面的整体风格。色彩是灵活的存在，它最能表达人的情感思想，与人展开交流。色彩运用的程度关系着整体版面的呈现，是评价版面设计的重要标准。

不同的颜色给人以冷或暖、苦或甜、沉重或轻松的感觉，不同的颜色搭配与组合也会在版面布局中形成不同的氛围和基调，比如同一色系的颜色组合给人一种温和的协调感，而对比色组合则给人一种强烈的冲突感。书籍装帧设计师需要不断提升对色彩的敏感程度，在选择版面色彩时，要注意所选的色彩是否能够恰当地表达版面主题，是否符合读者的审美及其对颜色的感知。

版面对色彩的要求并非越多越好，尤其是对于内页等文字较多的版面来说，色彩的易读性才是设计所要追求的首要目标。在内页的版面编排中，颜色选择的标准是能否保证文字的易读性。这首先关系到颜色的深浅，其次是色相和纯度等。例如，白底黑字的排版更易读，而黄底白字就会显得版面比较模糊。在处理版面颜色时，可以通过以下方式来增强版面文字的易读性：首先文字颜色和背景色尽量不要选择同一色系或者相近的颜色，对比度越强的颜色易读性就越强；其次，对比色或互补色的使用可以让文字更突出、更有力量，但是同时需要调整版面的融合度，否则会显得过于突兀，失去版面的和谐。

版面编排中用到的视觉构成元素并不是孤立存在的个体。正确处理它们之间的关系，合理搭配、组合，可以提升版面的层次感和立体感，调整结构关系，突出主题内容，从而增加阅读的便利性、舒适性，加快阅读速度。

此外，由于色彩能给人带来不同的感受，营造出不同的情感氛围，所以色彩艺术最高等级的应用是"因书而异，随类赋彩"，也就是根据书籍类型，具体问题具体分析。

首先，诗歌、散文或小说，这一类书籍的风格比较稳重、和谐。因此，在使用暖色与冷色或高纯色与低纯色进行对比时，要适当减少暖色和纯色的色域；当使用亮色和暗色上下配置时，需要使用低调的颜色作为底色，配合高调的颜色作为主体，这样才能获得稳定的色彩效果。

对于儿童读物、时尚杂志或成人杂志，大多数儿童会喜欢饱和度较高的颜色，如鲜红、中黄或翠绿，女孩比男孩更喜欢纯白色和粉色。我们可以用明艳的色彩来呈现交替渐变的色彩空间变化，给读者带来强烈的视觉冲击。配色与受众存在着方向性的连接，比如年轻人群体偏爱流行色，注重时尚感。

对于理论书、教科书、工具书来说，我们可以使用同色系的色调，形成暖色或冷色统一的整体形象，如蓝色、深灰色、紫色等。对这类书进行颜色配置时，一定要注重色彩搭配的和谐，尽可能营造出比较简单的视觉效果。例如，许多教学辅助书籍和词典的封面都采用了"黑白"这一简单却巧妙的颜色组合，呈现出一种简洁明快的艺术风格。

（三）民族特色：色彩中的民族风格表达

不同民族有不同的风俗和审美习惯，尤其是每个时期因为社会历史背景的不同，大众对色彩的感受、理解以及意义的表达也就不尽相同。

对于一个民族来说，特定的颜色具有特定的意义，这些传统的色彩是祖先代代相传下包含鲜明民族性格意象的色彩。我们的祖先很早就提出了由黑、白、红、黄、蓝组成的中国的"五色"，又被称为"正色"，其他的色彩由此派生而来，称为"间色"。在古代，明黄色象征着皇室贵族，中国红则是一切喜庆吉祥的象征，青花蓝代表着中国传统含蓄的美……每一种颜色在我们民族的语境中都被赋予了独特的寓意。不同颜色的搭配和设计也显示了这一点，最典型的例子就是中国国旗的颜色。红色和黄色的组合是中华民族血脉的颜色，是革命的颜色，也是吉祥的颜色。这些颜色是中国传统文化的符号与象征，为书籍装帧设计者带来用之不竭的创作灵感。许多的中国书籍装帧设计作品都汲取了民间传统的色彩与现代化元素进行融合。剪纸、泥塑、京剧等中国传统民族工艺中色彩的使用规律都被设计师们总结并应用到作品中，赋予其再一次的生命。比如吕胜中的《小红人的故事》采用了剪纸图形作为主要的设计元素，在色彩设计上就是借鉴了民间剪纸的传统配色，红和黑的对比清晰夺目，又具有浓郁的东方色彩，与书籍本身契合。

由于色彩的选择运用取决于书籍的定位和题材等具体因素，因此书籍装帧设计的色彩运用会受到一系列具体因素的制约。如果从宣扬民族文化的角度出发，书籍装帧工作者在进行色彩的选择时，就更要在设计中体现书籍的内涵，要做好民族文化的研究，为特定的民族文化找到最具代表性、最恰当的色彩与组合方式，而不能仅凭设计师个人的审美与喜好决定。

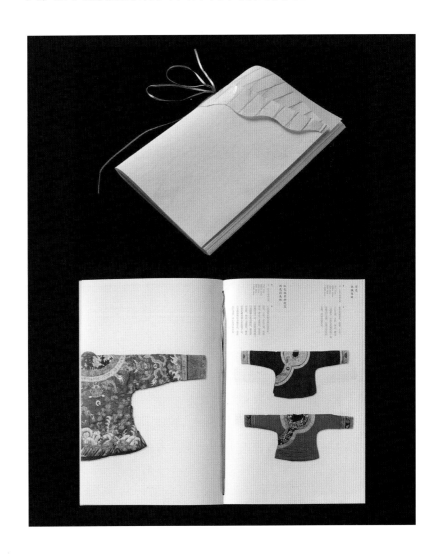

第二节
千姿百态：书籍装帧的美学版式风格

　　书籍的版式风格是由版面设计决定的，版式设计是书籍装帧设计的核心。在读者细细品味书籍内容之前，书籍的版式就已经与读者见面了。富有美感的版面设计对激发读者的阅读兴趣，提高图书的质量和档次起到了极其重要的作用。书籍的版面设计是一种造型艺术，其不仅具有很强的功能性，艺术性也不可小觑。

　　版式设计，就是将版面上有限的视觉元素进行系统有机的排列组合，以个性化的方式传达理性的思维。它是一种具有强烈个人风格和艺术特色的视觉传达方式，在有效传递信息的同时，也能营造出一种视觉上的美感。在书籍装帧艺术中，版式设计亦称为书籍正文的格式设计或编排设计，它是书籍装帧艺术的重要组成部分。任意一本书的版式设计都会包括版心、天头、地脚、订口和切口的版式结构等多方面内容。另外正文字号、正文字距、正文字体、正文行距、重点标志、注文、表格、标题和插图等也属于版式设计。就如同绘画艺术会产生的不同流派，书籍装帧的版式设计随着时代的发展，也产生了多种多样的设计风格，其中最主要的三种版式风格分别是古典版式、网格版式和自由版式。

一、端庄大气的古典版式设计

　　古典版式是最悠久的版式设计风格，至今已有500多年的历史。古典版式设计最明显的两个特点是对称性和标准化。它的主要设计形式是以书籍的订口为轴心，左右页的格式相互对称。古典版式设计对内页的文字排版有着严格的要求，字距和行距有统一的大小标准，地脚、天头、内外和白边按照一定的比例关系形成一个稳定、精确且具有保护性的框架。此外，文字油墨的深浅以及嵌入版心内图片的黑白关系，也都相应有着严格的对应标准。

　　由此可知，古典版面的设计风格相对而言会比较古朴、端庄、严肃，让人感觉缺乏新鲜感和韵律感，但因其庄重严谨的特点，这种设计风格适用于教材等正规书籍。

《桐华阁本西厢记》

二、平仄协调的网格版式设计

网格版式设计风格的形成主要受当时建筑艺术风格的影响，使图书装帧与建筑设计一样注重数字和比例，要求使用严谨的数学公式计算出符合美学标准的比例。网格版式是将版心分割成无数个大小均匀的网格，此后再将其分成单栏、两栏、三栏甚至更多栏，最后会把文字和图片放置其中，使版面具有一定的层次感以及节奏变化。网格版式设计在实际的应用中科学严谨，布局划分更加细致合理，十分符合美学的要求。网格版式不再像古典版式那样追求严格的对称，而是依据图片和文字制定严格的设计方案，全书统一的布局和朴实无华的主题表达代表了时新的设计趋势。

由于网格系统本身具有精确、清晰的特点，因此在秩序化的表达上比其他两种风格更具优势。一本书的版面是读者对这本书的第一印象，因此帮助读者直接地获取信息是版式设计的重要目的。版面上各个元素对信息的传达都起到了一定的作用，都会直接影响到读者对内容的理解。因此，具有秩序性的版面设计不仅可以有效地向读者传递信息，还可以在主观上引导读者的视觉顺序，从而影响读者心理上的阅读顺序和主次，达到更好的知识传播效果。

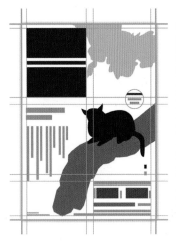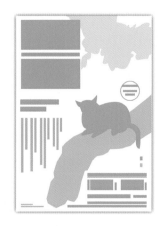

网格版式设计

网格版式设计作为书籍版面设计的一种重要形式，永远以最清晰有序的方式将内容信息传达给读者。随着时代的发展，图书作为信息传递的重要渠道，需要版面设计技术与艺术的统一。跟随时代脚步的网格版式设计也需要不断丰满和完善，要做到不仅有效传递信息，还兼具美观和艺术性。

优秀的设计师不会忽略作品内容和文字中的逻辑与主次，会力求抓住网格系统设计的秩序性特征，引导读者的注意力，赋予文字、图像等视觉元素更清楚的层次和秩序，让书籍内容的传播更有逻辑和章法，提高书籍装帧的功能性和可读性。理解每一个信息元素的内涵和文本真正传达的内容，以秩序化的网格版式为底层框架，能够游刃有余地展开对书籍的整体设计，提高了书籍的层次感，外化了书籍的内在价值，也丰富了读者的视觉体验。

三、无拘无束的自由版式设计

自由版式设计的诞生和发展离不开科技成果的进步。自由版式设计的发展离不开激光照排技术的出现。在20世纪90年代后期，随着电脑制版技术走向普及，自由版式设计开始在世界范围内广泛流行，愈发受到大众的关注，成为一个不可抗拒的设计新趋势。现代"以人为本"的设计理念认为，人们实现生存需要和追求自我实现的深层次心理是为了达到真正意义上的"自由"，这种新的思想也成为了自由版式设计发展的理论支撑。

自由版式设计的特点主要有以下几点：

版心的无边界性——自由版式是根据书籍中的字体和图形内容进行的随心所欲的编排。被占用的空间和留白的处理没有特定的规律，也不分主次，相互衬托对比，凸显内容。

字体与图形的融合——在自由版式设计中，字体往往被视为图形的一部分。文字与图片可以随意重叠、叠加，增加版面的层次和画面立体感。

解构性——这是自由版式设计的灵魂特征，是现代化设计理念投射到书籍装帧上的缩影。解构性主要指利用不协调的点、线、面等单个元素和破碎的文化符号去组织新的布局。

局部不可读——在自由版式设计中，不仅有可读的部分，还有一些不可读的部分。"可读"部分是指由设计者安排的，读者在阅读过程中应该能阅读和理解的部分，包括字体大小和清晰度等很明显的参数信息。"不可读"则是在版面设计过程中，读者不需要看懂的部分，往往是将字体缩小、模糊、重叠等一系列没有具体意涵的操作。

字体的多样性——字体对于书籍装帧设计而言是关键的存在，因为任何版面设计都离不开字体，字体的呈现关系到书籍的整体设计，有关字体的创意在自由版式中的展现层出不穷。

在当代书籍装帧设计领域，自由版式设计的地位非同凡响。自由版式风格突出个性，风格张扬，具有强烈的个人风格特色。自由版式设计鼓励创新和探索，新思维、新理念、新形势层出不穷，掀起了世界范围内一场属于设计领域的变革。这些作品具有强烈的感染力和影响力，视觉层面上有着非常高的艺术性，背后也沉淀着深厚的文化内涵，是形式与内容的完美融合。

书籍自由版式设计的构成要素与古典版式或网格版式并无差别，它们都是以点、线、面为基本矢量，以文字、图形、图像为基本视觉元素进行编排的。但是自由版面设计重构了点、线、面的意义，将其以非理性的方式组合排列，给读者带来出奇制胜的惊艳视觉享受。与其他两种版式设计相比，自由版式设计不仅可以向读者传达信息，而且可以加强与读者的精神共鸣和交流，启发读者思考。这种交流和思考不一定关乎版式或风格，而是书籍整体通过版式设计所散发出的一种氛围和韵味。因此，自由版式设计还具有一定程度的艺术性和启发性。

虽然自由版式风格讲究随意性和自由性，但也不是完全没有规律的排列布局。其版面编排也应该符合人们最基本的审美标准以及书籍本身所需要的功能表达。自由版式设计要注意适度的原则，要注重读者的阅读感受和基本的审美规则。书籍版面设计的目的就是尽可能地传达信息，如果书中的元素、图片、颜色等元素被过度处理，比如文字的无限制缩小、重叠等导致内容的模糊和读者阅读上的障碍，这样的"自由"就是本末倒置，毫无意义。因此，自由版式设计中的自由也指代的是相对自由而非绝对

英韵
三字经
（插图本）

Three Word Primer in English Rhyme

With Illustrations

高等教育出版社

The territory vast Exceeded all past,
Ninety years elapsed; The empire collapsed.

The Yuan Dynasty had a territory
larger than any other previous dynasties.
However, it lasted only ninety years
before it was overthrown
by a peasant uprising.

舆图广，
超前代。
九十年，
国祚废。

窦燕山，
有义方。
教五子，
名俱扬。

Dough by name Fulfilled his aim. His five sons Became famous ones.

To the Five Dynasties and
Ten Kingdoms period, there was a man,
Dough by name, from the Swallow Hills.
He founded a private school, hired famous teachers,
and managed well in having his children taught.
All his five sons passed Grand Test
in the Imperial Examinations as it is often called,
and lived very successful lives.

Silkworms provide us with silk,
and bees provide us with honey.
If you does not acquire knowledge to serve the society,
he is not as worthwhile as such small things.

蚕吐丝，
蜂酿蜜。
人不学，
不如物。

Silkworms silk educe; Bees honey produce. From them learn, Or receive spurn.

自由。只有把握好自由的度，与书籍的整体风格相匹配，才能体现书籍设计的整体美。

　　无论从功用还是艺术的视角来看，书籍的自由版式设计风格都是一个极具生命力和感染力的独特领域，更有着其他版式设计风格无法超越的美学高度。虽然由此也具有一定程度上的局限性，比如对设计师的艺术造诣要求极高，版面的局部可读性差、内容抽象，风格不够通俗，只针对一定的受众或主要适用于诗集、杂志、海报等小众出版物等；但是自由版式已经成为了世界范围内一股势不可挡的设计风潮。

《茶心静语》

第三节

法无定法：书籍装帧的美学实践路径

美的审美标准既是客观的，又是主观的，美的形态也随时空的变化而改变。美本身具有主观性、时代性，真正美的设计是孕育于时代中的、正在发生的美学运动，是一场深刻的美学实践，它应该符合时代物质和精神发展的文明特征。对于书籍装帧来说，这是一条感性与理性结合的前行之路，是一个需要兼顾全局与细节的系统工程，是一次美轮美奂但也变幻莫测的艺术呈现。

一、感性与理性相结合的探索之路

随着当今科学技术的进步和发展，先进的设计工具和印刷工艺不断被应用到书籍装帧的实践中。精密的仪器使装订工作更加高效和精确，赋予了这一过程理性的色彩。电脑逐渐取代了画笔，成为中国书籍装帧设计师最主要的设计工具。借助电脑，设计师可以在装帧中自由调动各种视觉符号和元素，为设计酝酿东方神韵，计算机技术的运用应该说是中国设计领域的一场"革命"。电脑绘制的样稿在保持美观性的同时又起到了精细展示的作用；在电脑中可以随时修改或调整设计方案，具有很强的方便性，极大提高了书籍装帧设计效率；通过电脑制作的作品拼版以及出片的速度也非常快。计算机技术集设计与制版于一体，这主要表现在植字排版和图像处理两个方面。两者的有机结合，配合适当的输入、输出设备，就构成了现代化的"桌面排版系统"，它打开了广阔的艺术表现空间，也提供了实现创意的无限潜能。

印刷在新时代也被赋予了新的内涵和更高的功能性。新时代里优秀的书籍装帧作品除了要求设计师拥有高超的艺术设计实力和创新的审美思维，还需要印刷工艺的支撑。印刷设备的更新和工艺流程的改进，为设计师实现各种各样的创意提供了可能，只有创意理念和印刷工艺达成有机结合，才能诞生符合新时代审美的优秀作品。

另一方面，设计师们对装帧行业炽热的感情与付出的心血，都倾注在一本本书籍之中，化作感性的力量，推动书籍装帧行业的成长。设计师一直以来都注重自身素质的提升和修养，吃苦耐劳，挥洒热忱。他们一遍遍地查找、阅读、研究信息，然后计算、制作、校对材料、监督印刷等。在这个过程中设计者经常会有重复而无效的劳动，也会因为沟通和理解的问题犯难，一遍遍陷入困境。但是好事多磨，当一个能得到作者、读者和自己认可的装帧作品最终诞生时，所有的付出就都相当值得。

中国的装帧设计在世界上一直占有一席之地，且伴随着时代的发展不断进步，朝着理想化的方向不断迈进。但是，书籍装帧设计师们的创作过程却没有这样的顺利和浪漫，书籍装帧是一门应用艺术，设计师们不能像一般的艺术家那样随心所欲、不受拘束地进行创作。除了受制于书籍题材和印刷工艺外，书籍装帧还要考虑读者市场以及审美观念的因素，甚至作为商品还需要和出版商讨论盈利问题。书籍装帧设计师的工作过程更像是一场无声的博弈，将艺术思想和书本精神最大限度地融合，努力排除外界干涉注入自己的作品中，这期间所要面临的艰辛和困难是无法避免的。优秀的书籍装帧设计工作者们为此投入了无数的时间、精力和智慧。只有充满对艺术的热爱和执着追求，用心去表达情感和美感，把智慧和技术相结合，才能有艺术的飞跃。

二、整体与局部兼顾的系统工程

随着世界范围内书籍装帧事业的成熟和系统化,书籍装帧设计的魅力已经从关注单一的封面设计的"局部美",到兼容书籍每一个部分的"整体美"的塑造。中国当代的装帧设计就是这一现代设计理念最好的体现。比如《中国现代陶瓷艺术》的封面,以返璞归真的自然白纸为基础,放置简单的视觉形象,留白空间大,淡化了冗余的元素。以陶瓷器皿的通用图形作为该系列各卷的识别标记,标记还渗透到扉页、正文页、版权页等,形成一套连贯统一的印象代码,体现了这一设计的整体性。总之,当代设计师们重视书籍本身的精神气质,从书籍本身的独特性出发,在整体设计理念思维的影响下组合可用的元素。只有从书籍整体出发把握书籍内容,才能够把握设计的全局。

现代设计发展的一个重要趋势就是追求书籍装帧设计的人性化。现代化的理念使得设计领域、建筑艺术领域和环境领域等纷纷关注人性化问题,要求设计的产品不仅要在生理上符合人体工程学原理,还要在视觉上符合审美原理。而对于书籍装帧设计来说,书籍本来就是一种为人服务的产品,并且书籍还具有其他产品所没有的精神属性,因此更需要满足人的生理需求和心灵需求。人性化的设计使中国的装帧设计紧跟世界的潮流,且具有自己的特色。在人性化设计理念的影响下,一本书的开本大小、版面长宽、比例、厚度、图片、字体大小甚至字距、行距等每一个细节,都考虑到了如何让人在最舒服的状态下进行阅读,提升读者阅读过程的体验感;在进行书籍材料选择时,也要根据书籍内容选择不同的纸张等原料,为读者提供不同的视觉和触觉刺激。

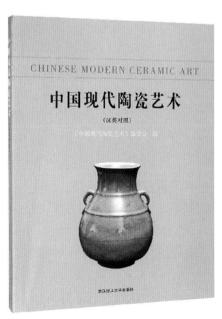

《中国现代陶瓷艺术》

三、规律与变化互动的艺术呈现

中国书籍设计艺术在遵循民族精神和审美规律的基础上不断变化和发展。现代中国书籍装帧设计更是在继承与创新、民族化与国际化、传统手段与现代技术的探索中，立足本土，兼容并蓄，吸收国际上的成功经验，呈现出设计风格多元化和设计形式多样化的新局面。

在当下的书籍装帧实践过程中，许多设计师也意识到，照搬照抄外国的装帧形式，一味地追求所谓"新、奇、异"，会走入迷途。追求新颖和变化没有错，但这必须建立在遵循中国文化精神和人民大众审美习惯上，必须善于从传统的书籍装帧中总结规律与技巧，吸收富有民族文化和内涵的部分为自己所用。对于世界装帧舞台上的潮流和趋势，要有自己的价值判断和理解，不盲目效仿。几千年来，古人不断改进书籍的装帧形式，使书籍装帧本身超越文化层次，成为一门相对独立的艺术。现代书籍更是在技术理念的发展下，使书籍装帧的表达语言更加丰富。传统从来不是一个静止的概念，它与历史相同，都一直在发展中前进。古人为如今的我们留下了传统，而今天的我们同样为后世创造传统。因此，我们绝不能滞留在过去的传统内，我们要继承，也要创新。

互联网时代使我们所处的环境发生了极大的变化，我们处于变化之中，就更应该明白应对变化和实现长足发展的重要性。对于当代的书籍装帧设计来说，它需要跟上民族化和全球化的步伐，以新的形式重塑书籍，通过书籍装帧的力量改变人们的阅读习惯和行为。书籍装帧的意义已经不再是书籍的陪衬与装饰，它与读者的交流不亚于任何内容。这样的变革和挑战是时代赋予书籍装帧的使命。学会应对变化，在变化之中寻找规律，才能让书籍装帧在新时代更好地绽放，实现自身价值。

《首届广东书籍设计艺术双年展获奖作品集》

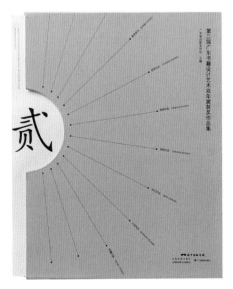

《第二届广东书籍设计艺术双年展获奖作品集》

《第三届广东书籍设计艺术双年展获奖作品集》

中国书籍设计艺术
ZHONGGUO SHUJI SHEJI YISHU

"版"话

中国书籍装帧设计语言表达

第四章

书籍装帧设计是指书籍从文稿到成书出版的艺术塑造过程，在这个过程需要运用一系列的文字语言、色彩语言、图像语言、光影语言和数字语言传达信息，抒发情感，表现美感。这些设计语言不仅可以在字面上帮助读者理解内容，同时还以鲜活的视觉形象传递图书内涵，共同呈现中国书籍装帧的独特形象和风格。

第一节

文字语言

文字语言是指"带有文学素养的字体与字号间的组合排序，按照语法和逻辑来解释事物关系的符号"。它的发明克服了语言交际在时间和空间上的局限，以有限的符号展现无穷的世界。在"读图时代"中，图形符号直观生动，但由于缺乏明确的逻辑结构，在表达上仍然具有模糊性，因此文字的阐释十分重要。

一、文字语言的引导作用

文字语言是书籍介绍信息的基本形式。书籍装帧的文字主要是封面、封底和腰封的文字，包括书名、作者名以及出版社名。封面若无上述的信息型文字，将变成"无字之书"，无法准确地传递书籍信息以吸引读者产生选择购买的欲望。其次，文字语言还是作者传递思想的主要途径，文字语言使用得当可以开门见山地展现图书暗含的情感思想以及总体风格，划分出风格迥异的图书类别。文字经过加工打磨后甚至能产生"言有尽而意无穷"的效果，增强书籍内容的魅力。

二、文字语言的书籍应用

1. 少儿类图书的趣味语言设计

图书是知识传播的载体，可以开启民智。少儿类图书是少儿接触世界的窗口，也是陪伴儿童成长的良师益友，优秀的读物可以向读者传达积极向上的世界观、价值观、历史观、人生观和文化观以促进儿童身心健康成长。与此同时，阅读的习惯也是从小开始形成的，因此，出版业要重视少儿类图书对一个人成长、成才的影响，需要树立以儿童为重点的做书观念，结合少儿的生理以及心理特点策划出适宜的读物。基于此，少儿图书的文字语言可概括为三种特征：故事化、拟人化和图像化。

少儿类图书的文字内容应具备趣味性。顾名思义，少儿类图书针对的群体是14岁以下的少年儿童，尽管他们在不同的年龄阶段会有不同的阅读需求，但总体而言少儿多青睐风趣、活泼的图书。少儿类图书的文字语言设计要以小朋友的视角诠释天真与可爱的风格，要充满"稚气"，直观、明了地传达作者的观点。如江西教育出版社出版的《数学好好玩》，该书价值在于培养学生的逻辑思维，但书名并不抽象。以儿童喜欢"玩"的天性作为书名的切入点，用独特而有心思的文字瞬间抓住少儿和家长的眼球。

《数学好好玩》

除此之外，基于少儿的认知规律，讲故事也是少儿类图书文字语言运用的最佳途径之一。如《快乐发明——20小时让你成为小小发明家》，以通俗易懂的发明实例和故事来讲解创造发明的基础知识，介绍常用的创造发明方法，启迪少儿创造思维；《太空课堂》采用绘本的形式，利用拟人化手法，塑造森林王国中的动物形象，围绕这些动物的故事讲述一系列天文知识，启发小朋友们思考与观察世界。这种趣味性表达在儿童书籍设计中较为常见，将形象进行夸大，激发小读者们的想象力，有效地迎合了孩子们追求趣味和新奇的心理特征。

少儿类图书的文字应具备知识性。如果说"趣味性"是入门的话，知识性则是少儿图书的基础，有着独特的深层价值。少儿类图书既要传授知识，又要陶冶情性，必须将故事和知识透过规范的文字语言传递给孩童，带领他们从书中认知这个世界，学习人类世界传承给我们的优秀文化。所以文字语言的应用力求精准、简练和明白，合乎语法，用规范的语言充分彰显图书的知识价值。

《快乐发明——20小时让你成为小小发明家》

《太空课堂》

少儿类图书的字体设计应具有专门性。少儿类图书不仅要采用简单易懂的文字表达语言，还要运用生动、活泼的表现形式以达到向儿童传播知识的效果。字体设计肩负着让儿童能更加轻松地去理解书中的内容，更好地吸收基础知识并减轻学习压力的重任。儿童相较于成年人而言，对事物的感知存在明显的差异性，最显著的表现是：成年人能通过局部来感知整体，而儿童则是通过整体来感知局部。依照该规律出发，儿童图书不能进行单独的、分散的字体设计，而应将字体所要表达的内容进行有机组合，例如将几个文字进行组合或将一个段落组合。文字图形化是一种有趣的形式，能够吸引小读者们的阅读兴趣。对于幼儿来讲，具象的形态往往比文字或者抽象的图形更易接受。如《黑龙江寻宝记》封面设计用落满雪花、晶莹剔透的冰块形态展现一个"黑"字，将黑龙江最具特色的冰雪文化展现得淋漓尽致。同时，"黑龙江寻宝记"6个字使用艺术字体，"黑龙江"采用醒目的红色，吸引小读者视线，"寻宝记"3个字融合小读者喜欢的元素和中国传统元素"太极"等。

《黑龙江寻宝记》

2. 文学类图书的婉约语言设计

文学是什么？文学利用口语或文字作为媒介，对人的状态进行认知、思考、判断与描写，是社会生活画卷，也是作者精神世界的呈现。诗、词、歌、赋、小说、散文、报告文学等都是文学的体裁。文字总是渗透着作家的种种情感因素，所谓"触景生情、有感而发"，很多文学作品本来就是作家为了抒发自己的情感而作的。文学正是通过传递情感来打动读者，产生共鸣，实现作者和读者的心灵沟通。

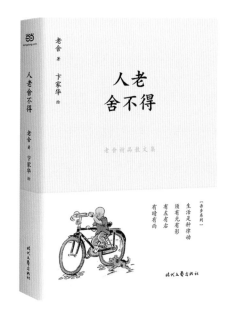

《人老舍不得》

婉约是一种优雅的格调，与文学的气质高度契合，可以塑造具有象征意义的人物形象，并巧妙地用隐喻含蓄的语言向读者表达情感。民国时期的不少文学作品由于受到新文学、新艺术和新科学等时代因素的影响，虽然大多委婉含蓄，却不失激情和力量。这一时期的书籍封面字体设计是铅字印刷与手绘创作结合的，美术字在笔画上注重形式感与体积感，富有张力。此时铅字多选用字形方正的宋体和秀丽挺拔的仿宋体，标题和正文字体有了明显的区别，正文以宋体字为主。清新淡雅的书法体和新颖醒目的美术字，体现了独特的审美，同时传达书籍主题。一些深谙书法之道的文学家、艺术家直接参与书籍美术字的设计，通过把握书法的笔墨、点画结构、行次章法等要素来表现书籍的内容、气质和旨趣，从而实现形式与内容的和谐统一。

婉约是既含蓄又简约。1931年新月书店《猛虎集》的封面设计，体现了徐志摩一以贯之的飘忽空灵美，迷惘与无奈的意味更加浓厚，有一种"心有猛虎，细嗅蔷薇"之意。整版以赭黄色为底，以黑墨绘制虎纹，可见书法元素的简约，寥寥数笔将虎皮的感觉表达得淋漓尽致。

作家老舍的代表作《骆驼祥子》（人民文学出版社1962年

版)也是如此,封面的整体元素少且含蓄,除了书名、作者名和出版时间,封面再无其他文字,整个封面仅用画面便暗示故事内容。色调为泥土般的棕色,传达了底层人民辛苦耕作和人力车夫拉车时面朝尘土的艰辛,占据版面1/2的骆驼和背呈弧形的祥子与书名《骆驼祥子》相呼应,暗示着骆驼和祥子的关系——骆驼就是祥子,祥子被生活打压的无奈便是压死骆驼的最后一根稻草。而《骆驼祥子》(浙江工商大学出版社2017年版)的封面文字语言较多,直接在封面便揭示图书内容"体现小人物的无奈与孤独,苍凉与怅然"。封面以直接传达的形式代替了读者透过文学作品进行思考的形式。该书的封面采用了红色底调,剪影形式的人力车夫拉车的图片。虽然呼应了书中祥子的职业,但书中的基调是"悲剧——勤劳的底层小人物怀着奋斗的美好梦想,却最终为黑暗的暴风雨所吞噬",这一装帧并未很好地体现出该书主旨。相比之下,人民文学出版社1962年版更有寓意和审美价值。

《骆驼祥子》人民文学出版社1962年版(左)和浙江工商大学出版社2017年版(右)

3. 科普类图书的图解语言设计

科普性读物是指关于自然科学知识的通俗读物，包含天文、地理、物理、化学等各种科学门类，是大众获取科学知识的重要载体。顾名思义，科普类图书面向的读者并非是具有专业知识素养的专家学者们，而是普通大众。科学从来都是一个严谨的领域，但专业性十足的科学知识往往将大部分读者挡在书外。因此科普类图书要获得市场青睐，就需要在文字语言表达上另辟蹊径，让深奥的知识变得通俗易懂。从近两年的科普类新书中可以发现，图书的形式发生了一些变化，单纯的图片和文字退出市场，形式多样的图解已悄然成为科普类图书的主流。"图解"在搜狗百科上的定义为"利用图形来分析问题，解释道理"。在科普图书中，"图解"可以理解为"科学+图解"，即利用图形等形式对科学知识进行解读，补充文字未能表达的内容，让读者在有趣的体验中感受科学的魅力。《图解景观设计》（中国建筑工业出版社2021年版）是一本景观设计知识的科普图书，每一章节都会借艺术家作品、设计案例和故事来说明一些常用的设计概念、要素和手法，配以简图，用轻松的方式讲述科学的真理。

由此可知，趣味化和易读性是大众科普类图书的发展方向，"快餐时代"里的读者很难沉浸在字数繁多的科学著作中，漫画这一类的

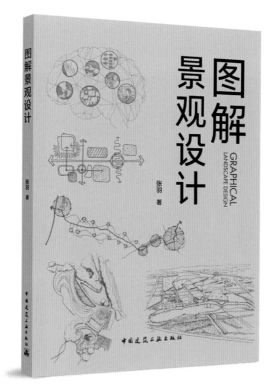

《图解景观设计》

《新科技驾到——孩子看得懂的前沿科学漫画》

"轻阅读"方式便成为了许多追求"即时满足"的读者的选择。循序渐进、通俗易懂是科普类图书文字的要求，将复杂的知识点转变为浅显易懂的图画，用故事场景解释特性，可使科普类图书兼具适龄性和可读性。譬如2021年北京理工大学出版社出版的《新科技驾到——孩子看得懂的前沿科学漫画》，就用漫画的形式将改变未来的十大领域（量子物理、生命科学、航天工程、能源、材料科学、深空探测、计算机科学、人机交互、信息工程、脑科学）的尖端科学全部囊括其中。除了选题得当，这套书的编排逻辑清晰，可读性强，用生动活泼的文字讲解基本知识要点，介绍前沿科技的原理，展现未来科技的发展前景，答疑解惑专业名词等。整本书就像老师在课上给同学们讲解新知识一样，循循善诱，由浅入深，把一堂课浓缩在一本书里。

4. 学术类图书的通透语言设计

学术类图书主要面向两种人群，一是专业群体，内容要求体现较高学术水平，得到业内认可；二是对某领域感兴趣的大众，希望通过阅读获取专业知识，充实自己，这种图书也称为"轻学术"类图书。"轻学术"类图书的特点是书籍里的内容全部按照正规的学术规范进行考证，以确保知识的准确性，所有引证的观点都有权威的出处，这类图书会比较高深和晦涩。通透的语言设计有利于防止枯燥无味，因此，学术类图书语言设计必须力求生动活泼，避免呆板枯涩的学术语言给读者造成阅读障碍。

那么，学术类图书语言如何进行通透的语言设计？首先是要把握好设计要点，突出关键词，书名和序言需要表达透彻，专业名词要借助注释及时向读者科普以帮助读者阅读，某些晦涩难懂的内容要借助相关案例向读者解释。总而言之，要借助文字语言的巧妙组合来充分发挥学术类图书传播人类知识的价值。

在字体设计上，学术类图书的字体多用黑体或者宋体，整体色彩的纯度和明度较低，视觉效果以沉稳为主，以表达深厚的知识内容。学术类图书因其内容的逻辑性、理论性、抽象性和严肃性，在语言设计上应形成庄重、沉稳、严肃等设计风格。《民艺》杂志定位为学术类期刊，是一份坚持学术性、研究性，反映

《民艺》杂志

民间文艺理论研究和民间艺术的传承、保护与发展工作的专业刊物，其整体设计体现了中国传统民间艺术特有的表现语言，充分展现了学术的严谨性。

5. 教辅类图书的普适语言设计

教辅类图书是面向中小学生及其家长和老师的书籍，内容一般包括基础知识教学、教材解读、各类试题以及考试答题技法技巧，具有深化和补充课堂知识，从而提高学生学习能力的教育属性。鉴于教辅类图书面向的群体多样且年龄跨度大，为了便于被大众接受，在教辅书设计过程中应遵循"普适性原则"。"普适性"与"针对性"相对应，指某一观念、事物、规律等比较普遍地适用于同类对象的性质。

青少年群体是教辅书的目标群体之首，他们是祖国的未来，处于需要获取正确的世界观、人生观和价值观的关键时期。因此，教辅书在设计过程中要认清它是"教育辅助者"的定位，文字信息要在确保准确性的前提下充满正能量。书名和介绍语等信息需要准确概括教辅内容以方便学生选购。如《初中生必背诗文132篇》的介绍词就提到了"循序渐进，由浅入深，终身受用"，具有导购特点和正面影响。

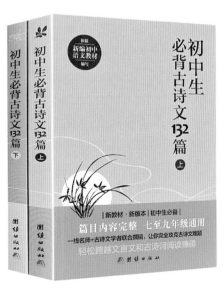

《初中生必背诗文132篇》

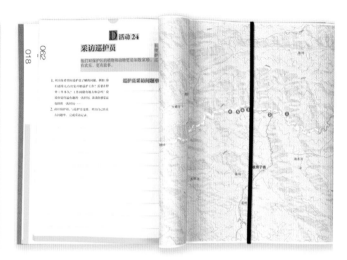

《秦岭研学活动手册》

作为教辅类图书，文字语言应围绕读者所需，方便读者学习知识。如中国地图出版社出版的《秦岭研学活动手册》是一本教辅研学的野外记录手册，书中采用大量的信息图表设计，辅助读者阅读和学习，以便读者在野外考察时能够快速地对信息进行识别和判断。作为一本教辅书籍，该书在字体和字号的选择上充分关注到易识别性。书中文本体例复杂，但设计者能够充分考虑到不同内容属性在同一页面中编排的统一性。文中色彩饱和，对于野外阅读能够起到快速检索和内容区分的作用。

若教辅类图书想在图书市场中显眼夺目，书名宜选用具有较强视觉冲击力、比较醒目的字体，如黑体或黑体的变体字等，或是采用美术字设计，从而将相关信息最直观、明确地传递给读者；书名宜采用较大的字号，但其所占封面整体的面积不宜超过40%，若书名所占的面积过大，不但会没有起到提示作用，反而会给人以压迫感。书名的位置宜放置在左上部和上中部等最佳视域，若是放置在其他位置，要考虑好书名与其他设计元素和相关信息的呼应关系，以免产生不平衡感。

6. 艺术类图书的抽象语言设计

随着读者喜好对美感与风格的倾斜，艺术类图书热度逐渐上升，一些艺术类选题也由小众走向大众，成为图书销量排行榜中的黑马。在艺术类图书领域中，美术、音乐、设计和摄影是占据其前四位的板块。它们的共同点就是富有个性的语言和前卫的理念。

艺术类书籍的形态就类似于一个立体的空间形式，是读者在阅读的过程中建立的一种思维模式，打开书籍是一种动态的行为过程，随着读者对书籍的翻动，书中文本语言与视觉符号进行互换，为阅读者提供了一种全新的视觉体验。艺术类图书的设计风格离不开它特有的艺术氛围，带有"艺术"的标签会让读者下意识地将"高颜值""抽象""夸张"等词语代入设计风格中。其实，"意象"更适合概括艺术类图书的设计风格，文艺理论家童庆炳在《文艺理论教程》一书中对其作了如下界定：意象是以表达哲理观念为目的、以象征性或荒诞性为基本特征，以达到人类理想境界的表意之象，即为艺术典型。

《经界墨延》

艺术的感觉会让读者代入书中，而同样地，文字语言的塑造又会进一步推进艺术氛围。无论是令人产生共鸣的解说词，还是让人心驰神往的艺术形式都在以一种虚无缥缈的方式为读者指引审美的方向。艺术类书籍在某种程度上是为了满足读者主观与情感的需求而产生出来的。艺术类书籍是在用创新的形式来延续艺术之美，这种形式属于浓缩化和夸张化的表现形式。

7. 生活类图书的实用语言设计

生活类图书就是对与人们的衣食住行等日常生活紧密相关的一类图文书的统称。根据具体题材可细分为：育儿、两性情感、食物保健、亲子关系、运动、美妆、手工、美食、旅游、休闲、家庭家居等门类。

生活类图书的文字语言需要"接地气"和实用。作为一种休闲读物以及工具书，读者需要书籍能够方便快捷地满足他们的物质生活和精神生活的需求，因此，生活类图书的装帧切不可矫揉造作。生活类图书的作用主要体现在为追求更为舒适、安全、便利的日常生活给读者提供一系列有益的建议或者指导，以图文并茂的方式传授实用性知识。由于它的范围涉及读者生活的方方面面，内容贴近真实生活，所以这类书籍文字的可读性和识别性十分重要。生活类图书封面上的文字需要抓住读者的需求点，准确传达书籍的作用和价值。2021年中华书局出版的《二十四日》以中国传统的二十四节气为序，选取二十四个城市，在一年一岁、一日一时、一城一池、一人一事中，融入作者对当下人们生活的观察与体悟。其中既有对节日风俗、生活仪式的记录，也有对节气文化诗意情怀的感发。作者诗意地阐释了各个节气的节令时俗，其中涉及月令、物候、花信，以及古人农事生产、服饰饮馔、游乐诗赋，以动人的文字带领读者感受不一样的世界。同时，还收录了相应时令的插画与古琴曲，力求通过读史、赏画、听琴，全景式地展现千百年来融入人们日常生活的岁时文化精粹。

《二十四日》

第二节

图像语言

　　图像是一种信息载体，线条、形状等元素充分地发挥了语义载体功能，图像的内容讲述效果甚至可以超越单纯的文字记述，简单的线条和具有视觉冲击力的表现语言，能在视觉上营造出强烈的感官冲击，使读者与书籍封面产生沟通与交流。

一、图像的表现形式

　　（一）封面

　　书籍封面是书籍的外表，是让观众认识图书的关键。俗话说"佛靠金装，人靠衣装"，这便揭示了外在的作用。封面决定了读者对图书的第一印象，优秀的书籍封面不仅可以暗示图书内容，还可以促进图书销售。封面与视觉元素息息相关，封面借助多元的图像表达出书籍的情感与内涵。封面的图像主要有以下四种类型。

1. 抽象图像

抽象图像是用几何图形作为基本素材，按照形式美的法则或严格的数学逻辑构成的图形。抽象图像会采用非写实的、抽象化的视觉语言来表现书籍内容，具有简洁的视觉效果。一些用具象的形式难以表达的内容，采用抽象图形的表现方法可以获得更佳的视觉效果。一般而言，科学类的图书很适合使用抽象图像来设计封面，简约大方的设计可以隐含科学的严肃性，简单的图形又能引起读者对内容无限的遐想，激发读者一览究竟的欲望。如《中国医学文摘耳鼻咽喉科学》杂志中的某期封面设计，以三条彩色的射线作为封面的主体设计元素，射线的不断延伸展现了科学探究的无穷无尽，也揭示了杂志的内容能带领读者探究人类知识和技术的前沿，在点题的同时也蕴含着装帧的创意。

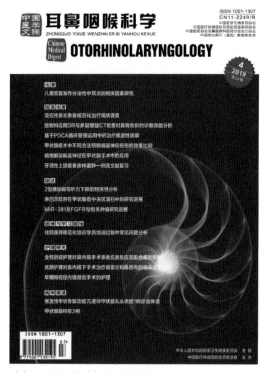

《中国医学文摘耳鼻咽喉科学》杂志

2. 摄影图像

摄影师用摄影机将表现对象拍摄下来，通过对光线、构图、色彩等要素的不同处理来获得造型效果。随着摄影技术的发展，摄影在装帧设计领域的应用变得愈发广泛。摄影图像的优势在于快捷、真实和有质感，它能将最逼真的效果展现在读者面前，给人以真实感。在封面设计的使用中，还可以对图片进行剪辑、合成、虚化、重叠等图像处理，使视觉语言表达出的内涵更加深刻。最常见的用摄影图像作为封面就是摄影集图书，直接采用最摄人心弦的图片作为摄影集的卖点以吸引目标读者；其次便是纪实类书籍，例如柴静的《看见》，便以她采访聊天的情景照片作为封面，让人感觉真实，提高了大众对这本纪实作品的信任度。

3. 绘画图像

采用绘画图像来设计书籍封面，也是书籍装帧设计中经常运用的形式。绘画本身就是一种视觉语言，每种绘画都有其个性的表现方法。绘画的风格、技术、色彩的搭配加上感情内涵，以及"手绘"带来的朴素、自然之感，都给人一种亲和力，同时在视觉效果上更具感染力。绘画图像作为封面若适用得宜，还可以提升图书的收藏价值。绘画的主要形式包括国画、油画、版画、水彩画、钢笔画和蜡笔画等，每种形式都能够渲染不同的氛围。国画可应用于文学类图书以增加文化涵养、水彩画和蜡笔画可应用于少儿类图书的封面，油画和版画适用于艺术类图书的封面。

漫画是绘画的分支，是一种具有强烈的讽刺性或幽默感的绘画。漫画通常是作者和编辑为了表达某些强烈情绪而选择的封面形式。漫画以幽默诙谐的图形、夸张大胆的形象引起读者浓厚的好奇心并吸引读者的眼球。漫画作为封面最常见的情况是出现在漫画类的书籍设计中，漫画的形象能决定读者对该书籍是否具有阅读愿望。儿童读物的封面设计也经常使用漫画形式，以轻松、幽默的手法给人以深刻的印象。此外，某些名人自传的封面也常用漫画，以一种自嘲的形象拉近与读者的距离，邀请读者阅读作者的内心世界。

（二）插图

1. 手绘类插图

书籍中的手绘类图像属文艺性插图，具有较鲜明的绘画艺术特征。传统手绘插图是书籍内容的补充，帮助读者获取文字所不能及的信息；现代手绘插图，尤其是人文类书籍的插图，不仅是对文字的诠释，还是表达插图艺术家个人思想、情感的重要手段，因此无论是创作理念还是创作手段，都具有强烈的个人色彩和独立的欣赏价值，对书籍故事讲述的完整性具有不可或缺的作用，如读书市场中近几年的热门读物——绘本中的插图。

朱成梁是国内最早创作绘本的绘本画家之一，他的作品《一闪一闪亮晶晶》《团圆》等充满民族特色的绘画插图几乎包揽了所有国内外绘本大奖。朱成梁一直在讲述中国故事，根据内容需要决定采用什么表现手法描绘中国故事。譬如《别让太阳掉下来》用了丙烯，因为丙烯本身很有表现力，可以把颜色画得很厚重，就像民间玩具一样；《团圆》用了水粉，像画油画一样；《灶王爷的故事》用了民间木版画、年画的手法。他相信对传统文化、民间艺术的兴趣需要慢慢培养和吸收，在他的笔下，民间故事、传统故事既有民间传统的艺术特征，也有西方式的真实细腻，两者结合，最终呈现出极富有中国气息的风格。

《灶王节的故事》插画

2. 木刻类插图

中国的木刻版画已有千年以上的历史，20世纪初在敦煌发现的创作于公元868年的《金刚经》插图是现知印本书籍中最早的木刻插图。版画刻本是一种雕版印刷品，它是通过镌刻的方法，将画家的线描画稿反镌于木质雕版上，而后刷印成版画，是古代画家和木刻镌工共同创作的手工艺品。木刻版画的内容大多数是以某一历史事件或人物形象作为题材，是保留至今的历史实证，作品中也可能阐释或隐喻了某一社会时期的思想、观念、意识形态；与此同时，木刻版画图像是一件能够承载历史文化脉络、鲜活地反映当时社会文化生活状况的艺术作品，意境深远，具有极高的艺术价值和欣赏价值。

《夏天的故事》是一本耗时5年的木板刻画绘本，耗用了18块木板，每块木板高20厘米、宽50厘米、厚3厘米。全书的装帧都要经过木板的打磨，草图的拷贝，画面的刻制、试印、修改以及印制正稿等一系列工序，并且全过程都是手工完成的。用传统的黑白木刻将夏天的采风故事描绘出来，带给读者们一种强烈的视觉冲击感和质朴的表现力。木板刻画形式给《夏天的故事》带来了过去的美感，尘封的记忆。

《夏天的故事》

3. 石印类插图

绘画石印是在20世纪初传入的西方印刷术，它可以将画家的画稿直接移入石印版面，便捷省力，成本低廉。虽然没有版画的镌刻刷印之美，与版画不属同一个艺术层面，但也与版画同出一源。目前，流通的石印本大多是32开，也有大开本的。32开石印本一般字比较小，一行字有些多达三四十字，但是字迹非常清晰，看上去油光发亮，字体以手写体为主，这也是石印本的一大特点。

4. 摄影类插图

随着20世纪90年代后期数字化信息时代的来临，数码摄影及配套的电脑图像处理系统迅速崛起，"读图时代"已宣告全面到来，摄影图片正不断取代以往书籍设计中的超写实画面。摄影类插图具有更为直观的视觉感受，说服力强，能较为客观地反映生活。

摄影类的插图所呈现的世界并不一定是现实的世界，但"不现实"不等同于"不真实"，它是从现实世界中抽离出来的概念体现，并不是万能的视觉表现手段。摄影类插图一般可用于专业摄影类书籍、沿途旅行感悟类书籍、建筑行业类书籍等，如东南大学出版社的《通往人文的建造》是一本建筑师谈有关传统与当代空间设计的书籍，高质量拍摄的图像和层级清晰的布局，与手绘建筑草图及结构图形形成对比，相映成趣。

《通往人文的建造》内页

5. 软件类插图

有的插图通过摄影难以达到，如科幻作品，这时就需要依靠电脑软件来创作设计插图，补摄影之所不及。软件类插图通常在制作、传播、展示、存储的过程中都不具有实体，而是以虚拟的形态存在。因此软件类插图具有虚拟性，在任何时间、制作中的任何阶段都可以通过数字技术将虚拟元素穿插在实体画面中。奇幻、虚拟、超现实、象征、混搭等词语都可以与软件类插图风格联系起来，软件的便捷性随时随地激发设计师们的灵感，软件上工具的多样性也成为连接其他绘画风格的桥梁。

目前市场上常用的矢量绘图软件有美国Adobe公司研发的Illustrator软件和加拿大Corel公司研发的CorelDRAW。矢量插图的特点是图形较为清晰，边缘平整，色彩比较鲜艳，改变了传统插画的思维模式和创作形式，体现了艺术与技术的融合，通常用于时尚类和儿童类书籍、杂志的插图等平面设计中。常见的位图软件Photoshop或者Painter能充分把握3D图像的特点进行精密的刻画设计，达到模拟现实空间感的目的，呈现超现实和幻想主义风格。除了这些以电脑作为平台的位图软件外，还有一类新型绘图应用软件，它们主要是以移动电子设备为平台，比如大师级画板、Drawing Desk、麦思涂鸦、概念画板、Paintingpad，等等。

二、图像的空间特征

1. 立体性：呈现多维画面

杉浦康平曾说："一本书不是停滞某一凝固时间的静止生命，而应该是构造和指引周围环境有生气的元素。"他揭示了书籍设计立体空间的概念，设计前的白纸是一个隐性的潜藏空间，但当文字、符号、色彩和图形出现在白纸上，它便被赋予了具象空间和弹性空间的性质。在它们的互动中，图形与文字占有的位置与未占有的空白，色彩、文字与图形之间的比例因设计而移动变化。立体空间是虚无的，但却是可被感知的存在。虽然文字是语言的产物，但是每一种媒介都会对它进行再创造——从字母到象形符号，从绘画到插图。和文字一样，每一种媒介都为思考、表达思想和抒发情感的方式提供了新的定位，从而创造出独特的话语符号。

《打开圆明园》是一本科普类的儿童绘本。与一般的立体书不同，它是前后翻页，一共还原了9处场景，每一处的建筑风格和景色都有所不同，这9处场景在真实的圆明园景区中的占地面积大约在87万平方米。将曾经悲愤屈辱的过去融入进立体插画

《打开圆明园》

中。左右翻动，中国园林之最跃然纸上，呈现于眼前。这不仅仅是一本儿童科普绘本，更是一份深厚的历史力量，一份华夏精神的传承。

2. 从属性：辅助书籍风格

插图是一种综合性的绘画，它的画面内容又兼具文学性，其英文单词能很好的解释其内涵，"illustration"有"图解、说明"的意思。因此插图的内容不仅仅包含画面，还包含着文化象征和文学内涵等，插图的创作需要美学基础的同时，还需要考究创作对象的文化背景等综合元素。清人叶德辉在《书林清话》中说："吾谓古人以图书并称，凡书必有图。"人们称书籍为图书，可见插图对书籍的重要性，插图也成为了书籍的重要组成部分，它是加深读者对书籍内容理解的辅助者。

插图具备图表释义的功能。有些时候耗用了大段复杂的文字也难以做到在概念或者逻辑上对一幅简单的插图表述清晰，但是反之，一幅插图在省略了大段文字的基础上也能清楚地说明问题。因此有时书籍缺少形象的图例，仅用单一的文字说明内容，

不仅枯燥乏味而且难以理解。在这个时候运用插图的方式就可以把作者情感和内容情感转变成诉诸人的知觉的东西，而这意味着插图要具备书籍的从属性。插图也有可以离开书籍独立存在的。王朝闻[1]认为明清小说插图具有"应有的从属性"与"相对独立性"两种性质：一方面，插图依附于文本，表达特定文本中的特定故事；但另一方面，插图可以在不依靠文字的情况下，从插图形象本身来表现故事情节。

　　云南美术出版社出版的《国民公路G318》是摄影师在夏季随"国民公路G318"路勘组一次性走完全程后所编著的书籍。本书的图像处理貌似随性，但却应用蒙太奇手法，以瞬间的捕捉和动态的建构创作出极为生动的故事线，无须文字的解读，任读者自由创想。

《国民公路G318》

---

① 王朝闻，新中国马克思主义文艺理论和美学的开拓者与奠基人之一。

3. 美化性：烘托文字氛围

对书籍的整体设计效果而言，插图除了可以加强书籍内容的艺术感染力外，还具备美化书籍、烘托文字氛围等的装饰作用。插图具有美感的视觉空间效果和特有的阅读氛围，为读者营造出符合书籍内涵的精神世界。

插图与文字的风格相互联系，随着插图形式发展的多样以及插图功能的不断强化，简单的绘画和摄影作品已经不能满足现代书籍设计对插图的要求，更多的时候则需要设计者根据书籍的整体设计要求进行创新。图文以极为和谐的方式在书籍中彼此认证、彼此烘托，在读者的眼识与心识相契合、同频共振的效应中，既抵达了视觉之美的极致，又抵达了心灵之美的终点。2019年，天天出版社出版的《天上掉下一头鲸》，作品全部在泥板上用釉料创作绘制后烧制成青花瓷板画，呈现出丰富且具有肌理质感的视觉效果，加上生动的图像造型，绘本故事的叙事手法，连续多折翻页的形式构成，使情节瞬息变化，节奏起伏，画面充满了流动感。

所谓"图文并茂"，就是文字展现"可见性"，插图展现"可现性"，两者在读者思维层面上是互通的。但插图与文字之间的组合不能跨越美感的界限，不能片面追求怪异，需防止过度的娱乐化，否则艺术美感会消失殆尽。

《天上掉下一头鲸》

第三节
色彩语言

色彩本身并无感情，但人们从色彩中感受到情感。这是由于人们长期生活在一个充满色彩的世界中，积累了许多视觉经验，一旦视觉经验与外来色彩刺激发生一定的呼应时，就会使人在心理上产生某种情绪。因而，在人们的心理作用下，色彩会影响生理功能、心理功能和情感表现功能。与此同时，人们还能借助色彩来传达信息。在书籍装帧设计中，色彩符号便是一种象征性语言，在大众审美意识和审美需求不断提高的新时代中，熟知色彩基础知识，巧妙根据色彩法则进行色彩搭配，遵循读者的视觉流程，贴合读者消费心理，选择合适的色彩以强化大众对书籍的印象便尤为重要。

一、色彩语言的引导作用

色彩在书籍封面设计中所展现的视觉效果可谓是先声夺人，灵活运用正色、间色、对比色、互补色以及颜色属性等可以最大程度地抢占读者眼球，甚至其传达的效果会优于文字和图像，为图书营造符合主题的氛围。色彩不仅具备物理属性还具备情感属性，其作为一种多年历史文化积淀下的表现符号无时无刻不存在于大众生活中。在书籍装帧设计中使用具有传统意义、约定俗成的色彩语言往往还能提高图像的文化感。

（一）色彩的三种属性

1. 色相

色彩最基本的特征便是色相，红色、绿色和黄色等便是色相。色相由物体表面反射到人眼视神经的色光来确定。对于单色光可以用其光的波长确定；若是混合光组成的色彩，则以组成混合光各种波长光量的比例来确定色相。

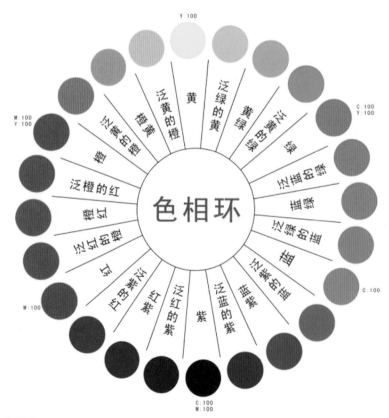

色相环

2. 亮度

亮度是指颜色的明暗度，有时也被称为明度，明度是形成画面的重要元素。明度关系直接影响画面的构图、整体感、强烈或柔和的画面气氛。在无彩色中，明度最高色为白色，明度最低色为黑色，中间存在一个从亮到暗的灰色系列。色相与纯度必须依赖一定的明暗才能显现色彩。亮度是物体反射光线的数量方面的一种特性，如果人们的眼睛感觉到这种颜色显得更加明亮，那就说明它的亮度值越高。亮度越高，色彩便会越亮；亮度越低，色彩便会越暗。

3. 饱和度

饱和度也被称做彩度，是指色相的纯度和强度，即有色成分在色彩中所占的比例，可见光的各种单色光是最饱和的颜色。光谱色掺入的白光成分愈多，就愈不饱和。红色的纯度是最高的，其次是黄色，绿色的纯度只有红色的一半左右。有了纯度的变化，色彩才显得更加丰富。纯度弱对比的画面视觉效果会比较弱，形象的清晰度较低，适合长时间及近距离观看；纯度中对比是最和谐的，画面效果含蓄丰富，主次分明；纯度强对比会出现鲜的更鲜、浊的更浊的现象，画面对比明朗，富有生气，色彩认知度也较高。

（二）色彩的搭配

掌握色彩搭配逻辑原则对于书籍装帧设计是非常重要的。色彩搭配原则大致有以下四种。

1. 色相的对比

同类色对比：同类色对比是指在色相环上15°夹角内的两种或多种同一色相的色彩搭配在一起时，引起明度不同所形成的对比现象。当色相对比较弱时，会给人和谐统一的积极感觉，但是也会产生单调的消极感受。

邻近色对比：邻近色是指色相环上30°夹角内的色相相近的两色因差异而形成的对比。

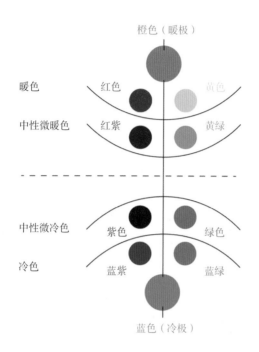

橙色（暖极）

暖色　　　红色　　黄色

中性微暖色　红紫　　黄绿

中性微冷色　紫色　　绿色

冷色　　　蓝紫　　蓝绿

蓝色（冷极）

冷暖对比

类似色对比：类似色是指色相环上夹角为60°左右相邻或相近的色彩而形成的对比。

对比色对比：对比色是指色相环上夹角为120°左右两种色彩之间形成的对比。这种色彩对比会给观众带来突出、轻快的积极感受，但是也会产生杂乱、不安的消极感受。

互补色对比：在色相环上，色相之间的间隔角度处于180°左右的色相对比，称为互补色对比，例如：红与青、蓝与橙、黄与紫等。互补色的色相对比最为强烈，画面相较于对比色更丰富、更具有感官刺激性。当两个补色并置时，它们处于最强的对比状态，互补色配色是最具刺激性的色彩组合方式。

2. 色彩冷暖关系

色彩本身并没有冷暖的概念之分，因为冷暖是触觉感知，是当人们触摸东西后才会产生的感觉，而色彩本身是视觉感知；但人们在长期的生活中会由于色彩的固化印象而培养出许多感觉。比如：红、橙和黄像太阳和火焰，能给予读者温暖的感觉；而绿、蓝和青就像海洋和冰川那样，给读者以清爽、寒冷的感觉。纯度越高、明度越低的色彩越暖和，相反纯度越低、明度越高的色彩越具凉爽感。另外色相环上的色相也可以分为冷暖两部分，暖色如紫红、红、橙、黄、黄绿，冷色如绿、蓝绿、蓝、紫。暖色会产生亲近感，而冷色会产生距离感。

3. 色彩的距离特点

色彩还能给人以距离不同的错觉。色彩属性的运用会让人感觉到物体进退、凹凸、远近的不同。色相是影响距离感的最主要因素，其次是彩度和明度。暖色调和高明度的色彩具有前进、突出、接近的效果；而冷色调和低明度的色彩则有后退、凹进、远离的效果。色彩的距离特点可以提高设计感。

4. 色彩的空间关系

色彩面积的大小也影响空间感。大面积色彩向前进，小面积色彩向后退；大面积色彩包围下的小面积色彩则反而向前推。而如果色彩与图形联系起来，则完整、单纯的形向前，分散、复杂的形向后。将色彩按某种一定的规律做循序、推移、渐变，某个元素的颜色从明到暗，或由深转浅，或是从一个色彩缓慢过渡到另一个色彩，这个过程充满了神秘色彩。渐变色是至少两种颜色带来的过渡，它一般至少带着两种情绪在里面，更加的活泼，观赏性更强。

（三）色彩的和谐

人们受到视觉生理以及视觉心理的共同影响，在观察范围内会看到多种带有颜色的物体，或者一种物体上包含许多种颜色。在书籍装帧设计中，仅用一种颜色会显得过于单调，但采用过多的颜色也会扰乱读者视觉，造成视觉累赘。一般来说，用色不要超过三种，多于三种会显得过于花哨，影响视觉的集中。版式需要运用不同对比强度的色彩关系才能实现信息的视觉流程，不同的颜色搭配会让人们产生不同的反应，如喜爱或者抵触。令人感到舒服、合适的颜色搭配便可称为和谐的色彩。

　　色彩的和谐理论主要体现在颜色的调和与对比，所有的颜色设计都是为了达到颜色的和谐，而基于不同的设计目的与意图需要采用不同的方法，才能达到最佳的颜色和谐效果。所谓颜色的调和是指使用明度、色调、彩度比较接近的颜色进行搭配则可以产生协调一致的视觉效果；而颜色对比的手法便与此相反，会使用明度、色调、彩度具有较大差别的颜色在一起搭配使用，起到各种颜色产生烘托、加强效果的作用，俗语"红花还要绿叶配"便是典型的颜色对比。

二、色彩语言的书籍应用

　　从色彩心理学角度看，红橙色被视为最温暖的颜色，蓝绿色被视为最冷的颜色，它们在色立体上的位置被叫作暖极、冷极，离暖极近的为暖色，离冷极近的为冷色，其余为介于冷暖色之间的中间色。根据书籍类别选取恰当的配色，书籍设计师们可以将作者的思想传递给读者，使其审美活动得以实现。

（一）文学类书籍的中色系符号

　　文学类书籍的主体是能引起共鸣的故事情节和优美的文字，一般都会具有较强的情节性以及抒情性，需要传递给读者的信息也较多，书籍的装帧是内容的辅助，恰如绿叶衬托红花一样。因此，文学类书籍装帧所采用的颜色不能过于夺目以致抢夺了书籍重点。此外，如上文所言，文学类作品讲究意境美，文学类书籍进行色彩搭配时要注重内容意境和感情的渲染，引领读者沉下心阅读图书并激发深度思考。基于此，文学类书籍设计的颜色以古雅、简洁为主，色彩种类或用色相、明度、纯度都比较接近的中色系搭配，集合为简约雅致的设计风格，如白色和黄色、木色和灰色、蓝色和白色搭配，给予读者一种韵律美的感受，通过视觉表达引起读者共情。

　　古代文学书籍的设计风格一般比较简单典雅，常用花青、国

《隋唐五代扬州地区石刻文献集成》

槐绿、宝蓝、玉脂白、胭脂红等有中国味道的颜色。凤凰出版社的《隋唐五代扬州地区石刻文献集成》采用花青色为基调，封面印有石刻这一主要元素，整体呈现古代质朴典雅的风格。近现代文学书籍常用古代元素和现代元素的融合来表达时代的特殊性，比如借用一些图腾、图案画、抽象字体等，或采用暗淡的色彩来反映那个年代民众的状况。1933年陈福熙的《怀疑》由钱君匋设计，封面借助留白的方式来突显植物纹样，在取材与构图上具有浓烈的装饰趣味，蓝绿色的底调配以枯黄色的植物图案，流露出近现代独有的艺术潮流特色。

（二）科技类书籍的冷色系符号

科技类书籍的内容由于具备较重的知识底蕴，往往容易让读者感觉到枯燥乏味，因此其书籍装帧设计应当注重效果的展现来提升阅读体验感。科技类图书的作用是向大众传播最新的技术和知识，是推动人类进步不可或缺的工具。而正因如此，科技类书籍的装帧需要更多地选择以蓝色为代表的冷色系颜色。为什么要这样安排呢？心理学家认为接受或者拒绝一种产品或服务，60%取决于色彩印象。当选择一种颜色来促进信息传播时，要考虑读者的感知、兴趣和能力。蓝色系给人的感觉大多是深邃、看不到边际的，就像在形容未来时，看不见，摸不着，但又充满期待。一说到蓝色，自然而然在人的潜意识里会出现"天空"的概念，也有的人会在脑海中闪现出"宇宙"的画面。一些影视剧作品里，主人公充满期待的时候会对着远方的天空抿嘴微微一笑，表达了对未来充满期待的意境。时间久了，这种状态会让人形成潜意识，从而觉得蓝色就代表着未来，这便是选择冷色系的合理性。另外，科技类读物一般具有一定的神秘性，代表着未来所要探寻的技术和事物，所以在色彩的选择上强调一种神秘氛围，而

　　冷色系颜色的使用便是创造氛围感的最佳选择，能够很好地展现科技类书籍的特点。

　　冷色系指的是给人们心理带来凉爽感觉的颜色，一般以青绿色、绿色、青色、紫色等颜色为主。而含浅灰的红紫、银色、蓝色、蓝紫色等会给人一种宇宙的神秘与幽深的感觉，非常适合用于科技类书籍的装帧。入选2019年度中国"最美的书"的《骨科小手术》是一本医学书籍，这本书籍的图像、文字、版面和色彩的综合设计效果把医学学科缜密、精确的思维高度视觉化，特别是书脊设计成模仿手术后的缝线视觉效果和体现科技感的X光片折页模块嵌入效果，使整本书籍具有创意设计的亮点。

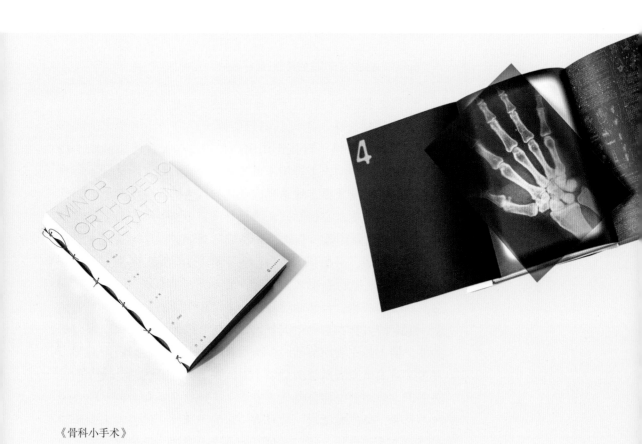

《骨科小手术》

"大中华寻宝系列"

（三）儿童类书籍的暖色系符号

受生理和心理成长规律的影响，儿童对色彩有着独特的感知力，美国著名儿童心理学家阿尔修勒博士针对儿童色彩进行过为期一年的调查研究并发现：对于孩子们来说，色彩有其固定的意义。比如橙黄色能给人欢乐温暖的感觉，从心理上可以安抚儿童的情绪，给人安全感；粉红色可以令儿童倍感轻松，营造浪漫安静的氛围，是儿童书籍装帧设计家传递给儿童读者爱意的表现；绿色可以给人生机勃勃的感觉，有一种"小清新"的自然感，也利于缓解儿童视觉疲劳；大红色可以增加活力和跳跃思维，适合于更加自信和充满活力的孩子。德国物理学家、生理学家赫尔姆霍茨提出："和谐、漂亮的色彩给人以美的视觉享受，混沌纷乱、无秩序的杂乱色彩常常会造成人的视觉疲劳，破坏人的情绪，如果儿童长期生活在视觉疲劳的环境之中，身心健康定会受到严重影响。"阴暗的色彩会刺激儿童的视觉神经，对视力造成不良影响；过于鲜艳的色彩易产生巨大的色彩冲击力，可能会导致儿童焦躁不安，注意力分散等；过于单调和呆板的色彩，也同样容易让儿童产生厌烦情绪。①因此，儿童书籍装帧设计中的色彩选用应以儿童的视觉生理和心理因素为根本，避开极易产生压抑效果的黑灰冷色调，选取一些让儿童易于接受的颜色。此外，还应尽量选取饱和度较高的颜色以刺激儿童的视觉感官，激发其阅读的兴趣并形成良好的阅读习惯。

在实际操作中，少儿类图书要多选取暖色调颜色。暖色系是由太阳颜色衍生出来的颜色，因给人心理带来温暖而得名。暖色系符号是在尊重多彩性的前提下，平衡色彩艳丽度和亮度的一个中间点。如橙黄色、粉红色、金黄色和蓝绿色等给儿童读者们营造一种活泼、欢乐、引发想象力的场景氛围。二十一世纪出版社的"大中华寻宝系列"属于少儿科普类读物，该系列每本图书风格不一，根据图书的属地本源和探险风格选用封面色调，巧妙运用三原色的对比色，因为是儿童读物，设计者多选用如红色、橙色、黄色等暖色调表现画面，不以生活中固定的颜色框架去局限思维，使整体画面色彩给人以更加丰富、鲜明和绚丽之感。鲜艳明丽的色彩会使儿童感觉积极兴奋，感觉到事物的美好，强有力的色彩能吸引儿童的探知欲并提高阅读能力。

（四）艺术类书籍的混搭系符号

相较于文化类书籍，艺术类书籍会更加注重视觉效果呈现的直接性，因此色彩的选择可以更为丰富多样。此外，艺术类的书籍在设计中需要比较丰富的内涵，需要有一定的深度，所以色彩的使用避免了许多轻浮的颜色，也避免单一的色调，多为色彩混搭风格（当然前提是色彩和谐下的混搭风）。另外，艺术类书籍包括摄影集、诗集等，相对会含有更多图片，因此在进行装帧设计时还需要充分考虑色彩与图文的搭配，尽可能地使用同类色、邻近色和类似色，使其保持统一风格以传达书籍的主题内容，也能展现艺术色彩的共通性和独特性，促使读者在阅读中感受多样

---

① 涂玲：《浅析色彩对儿童健康成长的影响》，《美术教育研究》2011 年第 3 期。

的艺术魅力。

在实际装帧设计操作中，设计者可以根据艺术的类别进行设计：比如对民间艺术相关的书籍进行设计，可选用红色和绿色的搭配，这两种颜色的搭配在某些场合是忌讳的，但是在民间艺术类书籍的设计中，就可以采用。最典型的就是严伯钧所著的《对立之美：西方艺术500年》，红绿撞色不仅不显低级，反而艺术感十足，封面转换用了强对比补色，绿色冷静理性、红色热烈感性。绿色刚直锋利，红色委婉弯曲，构建作者意向中的对立之美。建筑类艺术书籍的设计，可以采用黑色、白色和灰色等强调建筑艺术的颜色。而艺术类书籍需要根据内容进行相应的变通，有的艺术类书籍在进行设计时，为了突出其内容的独特性，往往会用大面积色彩和小面积色彩之间的对比，在纯色的封面上添有高纯度色点，这种强烈的对比能带给读者一种全新的视觉感受。

借助有限的色彩语言营造空间意境，让读者用丰富的想象力去填补、联想和感受，可使艺术类书籍更具时代特征。色彩配置上除了要强调协调外，还要注意与色彩的对比关系，包括色彩三大属性的对比。书籍封面上若没有色相冷暖对比，就会让读者感到书籍缺乏生气；若没有明度深浅对比，就会让读者感到沉闷而透不过气来；若没有纯度鲜明对比，就会让读者感到古旧和平俗。艺术类书籍封面色彩设计中要平衡明度、纯度、色相的关系，用这三者关系去认识并寻找封面上表达艺术的缘由。

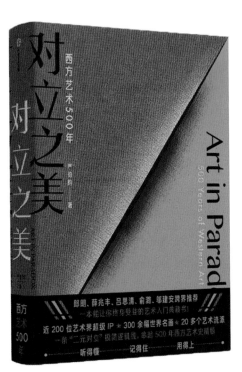

《对立之美：西方艺术500年》

第四节

光影语言

万物之形，唯有在光的作用下才会显现，有了光的变化才会有影在造型、色彩、空间以及环境氛围等的视觉效果。在书籍装帧设计中，图形、文字、色彩、版式的设计、匹配的装订方式以及纸材的合理选择，所呈现的"弯折与折叠""平面与立体""质感与触感"共同构成了书籍光影之美。

一、光与影的应用效果

光，代表明亮、清晰；影，代表暗淡、模糊。光的存在效果越强烈，越衬托出暗的部分；若被模糊的面积越大，亮的部分便更容易被读者察觉。作为一种艺术概念，光影也可用于图书装帧设计中，光影二者若进行有效结合，便可营造一种特殊的氛围。在图书装帧应用中，光影语言将很大程度上应用于少儿类书籍中。光影变化作为引导幼儿视觉，吸引儿童阅读的重要影响要素，使书籍的光影设计成为了如今幼儿书籍市场上的一大卖点。

幼儿对光的认识大多源于光源和日常生活中的发光体，幼儿感知的光具有流动性和自主性。光对幼儿潜意识来说是愉悦和安全感的条件。光影的结合有利于调动幼儿的五感，从而打造专注的阅读氛围，增加阅读的情感体验。

目前对光与影的应用又有了创新，有些出版社注重放大光与影在图书装帧中的效果，例如《手电筒看里面科普透视绘本》系列光影互动书，这是一套少儿科普教育图书。其最大的特点在于每页会设置至少一个问题，让儿童先根据自己的理解进行思考，当儿童想要寻找答案时，便对着这一页打开电筒或手机光源，透过光，书籍隐藏答案就像照了X光射线一样神奇地显示出来。因此光影语言在图书装帧中的价值愈发不可忽视。当然，光影语言的应用不是仅局限于如上述的创意设计，而是遍布于每一本图书的装帧设计中，设计者只要对该领域加以重视，便可发挥光影带来的神奇视觉功效。

《手电筒看里面科普透视绘本》

二、纸材立体传达

1. 三维设计下的光影

光影的使用还能通过纸材的立体和平面的特点来展现。目前市面上多为平面书，但某些工具书为了充分展现内容的原貌与结构，会形成三维体结构的图书，又名立体书。目前市场上最常见的立体书便是儿童类、科普类和传统文化类图书。立体书泛指在书页中加入可动机关，或通过书页开阖来展现立体纸艺的书籍。通过纸材的折叠和支撑，再借助光与影的配合与重构使得一堆由纸为主要原料的模型变得栩栩如生。立体设计是一门艺术，不仅需要展现书籍本身的内容，更要巧妙地运用其特有的艺术语言去展现崭新的视觉空间，为读者建立更具象化的审美空间。目前，越来越多的出版社生产立体书，立体书的种类也更加多样。以上海美术电影制片厂出品的彩色动画长片《大闹天宫》为原型而创作的《大闹天宫》立体书，耗时近两年，创作者绘制了近万幅画作，全手工设计并剪裁了300多个立体零件，后期进行了2000多次试验修改，使其画风和素材都遵循了原作的味道。

《大闹天宫》

2. 表面整饰加工工艺

在二维的图书上只要加以某些特殊技术工艺，便能发挥出光影所塑造出的立体效果。首先是上光工艺，从涂料固化方法来看，分为热固化上光和紫外线固化上光两种方式。热固化上光习惯称"过油"或"印光"，是先在印刷品表面均匀涂布一层无色透明的液体涂料，经过流平、干燥后再在压光机上通过加热的电镀不锈钢片加压，改变图层的表面状态。而紫外线固化上光则是在印刷品表面涂布光固化型的无色透明液体涂料后用紫外线照射，涂料成分产生光聚合反应而瞬间从液态变成固态，并使得光亮处稍稍隆起，上光工艺常用于突出书籍封面上的图书名称和设计图案。

另外压痕工艺也可以展现图书装帧的光影技术，压痕是利用相互匹配的凹型和凸型钢膜对印刷品施压，使得印刷品在压力的作用下发生塑性变形，从而使表面出现凹凸痕迹，形成浮雕状的图形或印纹图案轮廓。压痕技术的运用可以增强图案的立体感和艺术感染力。

《深圳动物日历》

　　除上述可使书籍更为立体的方法外，还有一些用于特殊材质和特殊用途的书籍的印刷方式，也可以充分利用光影展现立体效果。如烫印、立体印刷、磁性印刷、浮凸印刷等技术，这些技术常用于礼品书、儿童读物和盲文读物等。

3. 科技赋能光影传播

　　在科技快速发展的如今，光与影并不局限于传统光源，更多的还有屏幕。如今，数字媒体占据了大量纸质实体书籍的市场份额，因此设计实体与虚拟结合的书籍是未来发展关注的重点和难点。目前，市面上出现了一种与增强现实技术（AR）配合的幼儿书籍。这种书籍通过电子设备扫描成像将真实书籍的画面与虚拟架构的立体场景叠加在一起，电子光源赋予了书籍魅力，这种出版物既保留了纸媒书籍本身的材质感知，又能通过AR延伸书籍内容以帮助读者开拓视野，以环绕多视角去观察世界的更多细节。但目前的科技只能通过手机成像，缺少真实光线照射带来的真实感和沉浸感。

增强现实技术（AR）

三、纸材质感传达

纸材与书籍装帧设计的关系是密不可分的，纸张的出现本身就是一种设计。在整个历史的发展中，纸张与书籍相伴相生，纸张与书籍设计相融合会迸发出不一样的光彩。光本身具有一定的物理属性，与特殊材质相结合便可形成特殊的书籍阅读方式。不同装帧材料带来的质感和触感都会有不同的光影效果，而材料的选择是传达光影语言的重要步骤。

1. 织品类

织品类一般用于制作书籍封皮，主要包括棉织品、丝织品和化学纤维织物。用于封皮的棉织品要经过脱浆、清洗、漂白等工艺，然后裁切成所需长度，再经染色等使织物表面达到较好的装饰效果。在书籍装订加工中，一般是将织物贴在纸板上制成封壳，干燥后再进行图文的烫金或印刷，有时也可将织物和纸张裱贴，制成软质封皮；以蚕丝为原料制成的绸、缎、绫等丝织品常用来作为高档出版物的装订材料。织品类材料自带光泽感，使读者有触碰的欲望。用精工纺织的丝绸来装饰图书、画册及礼品出版物，能发挥出古色古香、华贵典雅的艺术表达效果。柔和的光线洒在丝绸封面上，在光和影的世界里不断交错又不断融合，一黑一白，游走在虚实之间。

用丝绸来装饰图书在我国出版史上已有很久的历史。早在唐代就开始用绢来裱饰书画等，但由于烫印性和耐用性较差，价格较贵，一般图书很少采用；随着化学纤维纺织品的兴起，合成织物的价格不断降低，而且具有较好的耐摩擦性、稳定性和防虫蛀性，已成为现代图书装订的主要材料。凤凰出版社2019年出版的《画屏：传统与未来》是第一本全方位介绍中国屏风的书，出自苏州博物馆同名展览。策展人为著名艺术史学家、芝加哥大学教授巫鸿。《画屏》一书的设计者是资深书籍设计师姜嵩，该书设计新颖，属于书帙手卷形制的变异创新。封面采用丝绸面料对裱，不加束缚地搭在一起。主本可以同时进行左右两种方式的翻阅，从左翻是文章，采用横排，从右翻是图录，采用竖排，别册采三本连订、中间一本书脊凸出，为上佳之作。

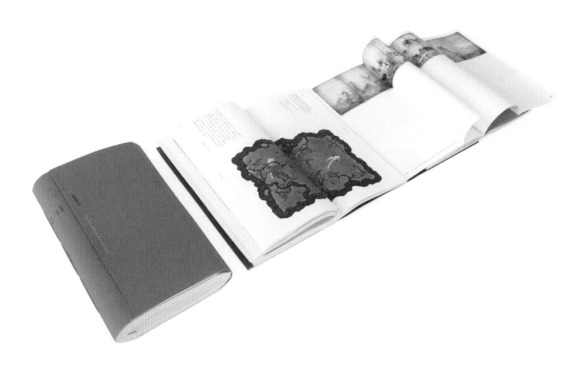

《画屏：传统与未来》

2. 皮革类

皮革主要有猪皮、羊皮以及牛皮等。每一种皮革的特性有所不同，比如猪皮不如羊皮细腻，羊皮不如牛皮结实等。但从材料成本而言，无论用哪种皮革制作书籍封面，都会比较昂贵，这并不适用于大量生产。因此皮革往往用于一些高档精装书籍和珍藏版书籍，一般的书籍封面很少应用。除此之外，当下许多古籍修复行业也多用皮革来重塑封面，起到保护作用。随着科学技术的发展，合成皮革的出现扩大了书籍封面使用皮革材质的范围，但应用最多的领域还是精装书籍。由于皮革来源特殊，其自身具有一定的光泽感，这种光泽感传达出书籍的格调之高。

上海书店出版社的《一日一菜》典藏版，以美食铭记岁月的流转，用食材庆祝每一个节气。紫色的封面，配以金色书名，高贵典雅，书套开口处有微微弧度，方便取出。书本封面用小牛皮装帧，书口三面鎏金，是独具个性的手工制成品，与纸张相比，软度优势让书籍可在无痕状态下"折叠与弯曲"。

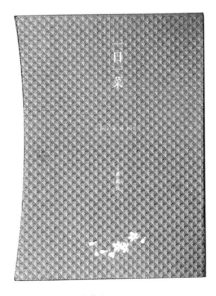

《一日一菜》典藏版

3. 纸张类

纸材的原材料源于大自然，通过各种工艺加工为形态各异的纸张。读者可以通过视觉观察到纸材平面，亦可以通过触摸纸材表层感觉到与之不同的"纸材语言"。纸材的物理属性与书籍内容的适配度是装帧设计中尤为重要的一环，譬如道林纸、棉花纸、雅玉系列纸张等柔软绵密，纸张相对平滑，对文字的承印效果较为清晰，适合书籍内文的印刷以及文字的书写；大地纸、格调系列纸张等基础克重较大，突出肌理感，原料纤维较粗糙，更加适合作为封面、扉页、书套等部位或重点页面的材料；特种纸由于表面经各种压纹处理，质感线条显得高贵，故适合印具有特殊效果的书籍等。不同的质感有不同的光泽亮度，这份差距使得书籍用纸的选择成为一个值得考究的问题。偏黄的纸张的光泽能向读者传达书籍内容的历史古典气质，偏白的纸张的亮度能向读者传达书籍内容的现代特性。

中国城市出版社和中国建筑工业出版社共同出版的《中国古代界画研究》为中国古代界画研究的学术著作，东西融合的装帧设计恰到好处，既活泼又不失大气和稳重。正文体例丰富，信息容量大，编排复杂而有序，其中穿插大量以多折叠插页形式呈现的中国书画作品，纵横交替，维度丰富，使读者"水平＋垂直"地双重阅读，带来一种全新的阅读体验。该书采用宣纸印刷中国书画，层次感十足的宣纸大大还原了古画的质感，其他内容则用普通印刷用纸呈现，在感性中体现理性，兼容现代文化和传统文化。总之，纸张的不同质感可以配合书籍内容共同呈现其设计风格。

《中国古代界画研究》

第五节

数学语言

装帧是一种艺术，虽然说艺术是无法被衡量的，但艺术的呈现和美的欣赏却需要以数学的标准来大致判断，例如黄金分割比0.618。细致的数学往往为美的判断提供了理性的工具，图书装帧也一样，需要版式各元素以一定比例协调，才能更大程度地发挥装帧的视觉美感。图书装帧的设计规律应由以下方面来展开探索：书籍的开本、版心和图片尺寸是否协调，设计风格是否贯穿全书始终，包括扉页和附录版面是否易读，字体、字号、行距之间的比例是否和书籍内容相适应，这便是图书装帧所使用的数学语言。

一、开本设计原理

开本是采用不同的分割方式所形成的书籍尺寸规格，即一本书的具体大小，也为书的面积。书籍版式设计前必须先确定书籍的开本，因为只有围绕书籍的开本才能根据设计的意图确定版心、版面的分布设计、插图的选用与安排以及封面的整体构思。独特新颖的开本设计能给读者带来强烈的视觉冲击力。

目前市场上纸张的规格主要是787mm×1092mm（正度纸）和850mm×1168mm（大度纸）两种。以"787mm×1092mm，1/32"标识字样为例，"787mm×1092mm"表示的是全张纸的宽度和长度，单位为毫米，而"1/32"表示的是纸张的开本是32开。开数是指一张纸的尺寸规格，多少开的纸指的就是这纸张的尺寸是原纸张的多少分之一，比如上面所提到的1/32，指的就是目前纸张是原纸张尺寸的1/32，即32开。

787mm×1092mm是我国平板纸常用的印刷规格，但是这种规格与国际标准不统一，作为一种过渡规格，正逐步被淘汰，转而采用国际标准的890mm×1240mm规格，同时还采用国际通用的称谓和标识，例如A4、A5等。A后面的数字，表示将全张纸对折长边裁切的次数，例如将全开纸（890mm×1240mm）对折长边4次裁切为16开，也就是A4纸张的常用尺寸210mm×297mm。

（一）开本的适用内容

图书的开本设计要遵循灵活、实际应用和适度原则。市面上的图书种类众多，为了适应书籍内容，其尺寸规格也不同。开本的选择应围绕书籍的应用来展开：诗集的形式是行短而转行多，使读者在横向上的阅读时间短，一般采用狭长的小开本，64开本的设计较受欢迎，合适、经济且秀美；小说文艺类读物一般选用小32开，为的是方便读者，让读者单手就能轻松阅读，体积虽小，但字体大小适中，柔软的封面又便于手拿；学术和文学名著等有文化价值的书，选择的开本要大一些，显得庄重、大方；儿童类读物以图片为主，文字较大，常用24开本或者16开本，甚至采用异形开本，诱发儿童的阅读兴趣；另外，画册一般都有大面积的绘画与摄影作品，应首先选择大开本方便读者翻阅欣赏细节；对于一些字数比较少的书籍，应优先考虑小开本以践行适度原则，不浪费过多纸张也便于读者随手携带。

（二）开本的设计方法

印刷尺寸规格的制定是根据一定的规则的，通常纸张的开切方法大致可分为两类：几何级开切法、特殊级开切法。

"几何级开切法"即将全开纸规整地反复按照2的n次方作为开切数，譬如将787mm×1092mm规格的全张纸沿长度方向对折后裁开，即可得到两张相同尺寸的纸张，叫作2开纸。若再将这张2开纸沿长度方向对折后裁开，即可得到4开纸。以此类推，便可得到8开纸、16开纸、32开纸、64开纸等。这种开切法对纸张的利用率较高，并且便于计算，机器可完成全部折页。采用几何级数开切法时，因不同开数的纸张形状相似，裁切线就必须保持几乎一样的长宽比值，这样裁切不仅简便、省纸，而且能缩短印刷周期。

"特殊级开切法"由偏开和变开两种方法组成。偏开页张的版面设计不太规律，偏开方法的纸张利用率是100%，范围一般有3开、5开、20开、25开、27开、36开等多种，常用于挂历、画册及各种儿童读物；变开又称"异形开本"，指在一张全开纸张上裁切出幅面大小相同、形状长短不一的页面，排版时为了节省纸张，就会采用变开的方法，将不同规格的页张排在一张全开纸上进行加工。

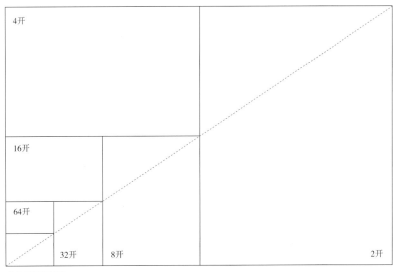

几何级开切法

（三）开本的设计类型

开本的类型根据切口的方向会分为左开本、右开本，而根据书籍长宽比例的差异又会分为竖开本和横开本。

左开本指书刊在被阅读时是向左面翻开的方式，左开本书刊为横排版，即每一行字是横向排列的，阅读时文字从左往右看。目前市面上大部分的书籍都采用左开本，设计师在设计一般图书时可以优先选用左开本，因为左开本比较符合当代人的阅读习惯，彰显了设计师在重视"以人为本"原则之下而进行的书籍装帧设计。

右开本指书刊在被阅读时是向右面翻开的方式。右开本书刊为竖排版，即每一行字是竖向排列的，阅读文字时从上至下、从右向左看。目前某些古籍或特色图书会采用右开本，以彰显其历史性或个性风格。

竖开本指书刊上下（天头至地脚）规格长于左右（订口至切口）规格的开本形式，书籍在装订加工过程中常将开本尺寸中的大数字写在前面，如285mm×210mm（长×宽），则说明该书刊为竖开本形式。

横开本与竖开本刚好相反，是书刊中上下规格短于左右规格的开本形式，装订加工过程中常将开本尺寸中的小数字写在前面，如210mm×297mm（长×宽），则说明该书刊为横开本形式。儿童读物和画册等有大尺寸插图或绘画的可以选择横开本以提高阅读质感。

二、版式编排模式

书籍装帧设计的核心部分是版式编排，其包括版心设计、字体设计、行距设计以及天头、地脚、订口、切口以及图文的编排等。其目的是为读者提供最为合理有效的阅读方式并提高读者的阅读效率。内文版式编排的好坏会直接影响到书籍的视觉美感、实用性以及阅读的效果。

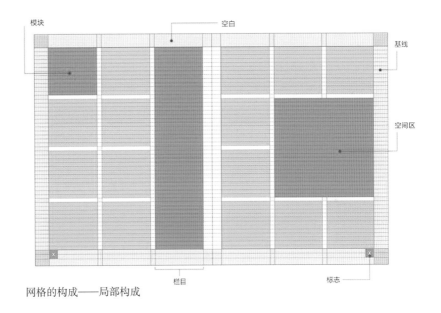

网格的构成——局部构成

（一）比例系统模式

自15世纪中叶印刷术的出现到18世纪晚期的工业革命，出版印刷上各种新工艺和新材料被应用，印刷出版进入高速稳定的机械化时代。这一时期的西方，印刷术主要用于印刷《圣经》，除了印制诗歌外，在一般情况下每一页中的字符总是以一栏为一个整体进行排列。外侧页边距一般大于内侧页边距；底部页边距总是大于顶部页边距。这些元素与边距之间所产生的空隙，称为"留白"。页面与留白的比例，以及点、线、面和实体的关系，都是按照几何学划分的，而不是由它们的尺寸决定的。

黄金分割率通常被认为是最完美的几何学划分方法，是人类现有认知中美的极致。"斐波那契数列[1]"，经常被用来确定古典类书籍的整个页面和留白的比例关系。[2]通过序列和比例的展开来控制设计空间的规划和分隔，避免色彩、图片和字体等元素带来的视觉混乱。

---

[1] 又称"黄金分割数列"，即从第三项开始，后面各项为前面相邻两项之和的数列。

[2] 王远：《网格模板实用攻略》，上海人民美术出版社2010年版。

（二）对称网格模式

对称网格是根据左右两个版面或一个对页而言，指左右两页拥有相同的页边距、相同的网格数量、相同的版面安排等。对称网格的最大特点是左右两边的结构相同，页面中的网格是可以进行合并和拆分的。具体可分为单栏对称网格、双栏对称网格、均衡双栏对称网格和多栏对称网格。单栏对称网格的版面中，左右页面中的文字一栏式排版，版面规则整齐，故适用范围多用于小说、文学著作等文字性书籍，且文字的长度一般不要超过60字；而双栏对称网格的版面多适用于文学类书籍和杂志内页的正文，双栏对称平衡使阅读更流畅，但是版面缺乏变化，且文字的编排比较密集，整体画面显得有些单调；均衡双栏对称网格可以根据内容调整双栏的宽度；多栏对称网格这种版式的平均单栏长度较窄并不适合编排正文，较适用于术语表、联系方式、目录、数据等书籍辅文部分，多栏对称可以根据实际内容增加或减少栏数。

（三）模块网格模式

模块网格模式依托于网格系统，网格系统即利用垂直和水平的参考线将版面分割成有规律的格子，再以这些格子作为参考来构建秩序性版面的一种设计方法。网格系统的基本形状是矩形，因此把文字或图片都配置在矩形框里，视觉上能创造出条理分明、整齐的美感，是目前杂志、画册、图文混合时的常用版式设计方式。

网格根据视觉效果可分为对称模块网格和非对称模块网格。对称模块网格在版面编排中会将版面分成同等大小的网格，再根据版式的需要编排文字与图片。这样的版式具有很大的灵活性，在版式设计的过程中可以随意编排文字和图片，模块单元格之间的间隔距离可以自由放大或者缩小，但是每个模块单元格四周的空间距离必须相等；非对称模块网格是指左右版面采用同一种编排方式，但是在编排的过程中并不像对称模块网格那样绝对，根据版面需要调整版面的网格栏的大小比例，使整个版面更灵活，更具有生气，给予读者一种轻松的感觉。

通过构建网络系统可以有效地控制版面中的留白与比例关系，为元素提供对齐的依据。这种方法给版式设计带来一种有规律且快速的形式美感，网格的应用终止了版式设计中的无序状态。

（四）竖排模式

现代图书的竖排模式是从中国古籍木雕版书页的样式发展而来。中国古籍木雕版线装书页面的样式特点是版心偏下，天头大而地脚小。书口或黑或白，象鼻、鱼尾构成了中国版式的独特形式。文字自上而下竖排于界栏之中，行序自右向左，与古代的书写顺序保持一致；版心四周单边或文武边，将文字聚拢在版框之内。竖排模式也是一个很好的静定训练方式。眼睛左右晃动，容易引发杂念，眼光往中间集中，并平稳凝定，则可以收拢心思，引发专注，这就是竖排的原理所在。竖排可以限制视线的飘浮，让视线的焦点保持在两眼之间，这样，心就容易专注下来。

中国近现代的图书依然有许多竖排的版本，如中国青年出版社1962年版的《历代文选》、北京工艺美术出版社2004年版的《曹雪芹风筝艺术》和上海古籍出版社2017年版的《中国政治制

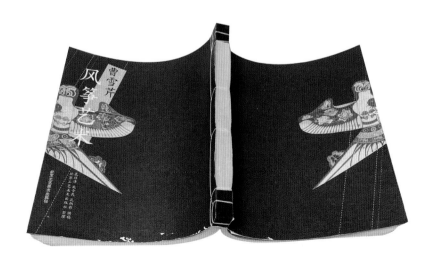

《曹雪芹风筝艺术》

度史纲》等，都是采用竖排模式。还有比如著名历史学者陈寅恪在生前曾要求自己的著作必须以繁体竖排的形式出版，此后出版界一直遵循此意不出简体字版作品。

三、文字编排模式

文字作为书籍装帧设计中的重要因素之一，拥有卓越的表述能力。相较于色彩与图形带来的直观视觉，文字本身自带美感，通过系列排列和组合，将书籍平面文字塑造为内容立体空间。

（一）两端平齐

文字从左端到右端长度均齐，美观和端正地跃然纸上，这是目前版式设计中文字排列形式最常见的一种。文字和图形一般是横排，阅读起来轻松自然，有些使用竖排是因为文字内容古朴，或在一个版面上横排较多，用竖排调节一下。文字和图形从左到右、从上到下的长度要整齐，加上适合的字体变化，让版面看起来既有变化，又有协调一致的整体感。

（二）一边平齐

一边平齐指的是文字整体靠左或靠右的对齐方式。左对齐时右侧会出现错位，左对齐符合人们的阅读习惯，阅读时轻松自然，右侧的错位在某种程度上呈现出一定的节奏感。尤其是在英文字母的段落编排上非常值得使用，因为英文字母本身的曲线感加上右侧的错落会增强曲线节奏的优美；右对齐时左侧则会产生参差不齐的状态，它并不符合人们的阅读习惯，所以这种编排方式会给人陌生且存有异物的感觉，但有时也会增添一些意想不到的吸引力。

（三）中轴平齐

以版面的中轴线为基准，文字居中排列，左右相等或长短不一，这种排列方式具有优雅和端庄的感觉，但不适用于文字和图形过多的书籍，否则阅读起来会有些吃力。只有在有少量的文字和图形的情况下，这种设计才能起到集中视线、统一版面的作用。图文居中排列，两边不齐，能凸显出"C位"，秩序感和集中感并存。

（四）自然排列

自然排列是根据版式内容决定的，这种文字排列方式突破了其他排列条条框框的限制，使版面更加活泼和新颖。文字自由地随意排列，一种是文本绕图，即图形嵌入文字之中；另一种是文字围绕图形排列，形成图形的轮廓。尽管文字自由排列，但也要在版面有序的前提下，不能为了自由而显得无章无序。有些看似自由排列的图文组合，实际遵循了一定的版式规律，构成了点、线、面的巧妙组合。

中 国 书 籍 设 计 艺 术
ZHONGGUO SHUJI SHEJI YISHU

"技"新

书籍装帧与科技应用

第五章

现代设计理念的更新以及现代科学技术的积极介入对书籍的装帧设计产生了巨大且深远的影响，书籍装帧艺术呈现多元化发展趋势。利用先进的科学技术为书籍的美观和实用插上了翅膀，让书籍发挥长久性的保管和阅读的功能，增加了书籍美的形态。正确理解科学技术对书籍装帧带来的影响，运用技术的特质将技术与书籍装帧设计真正地结合起来，让科技成为阐释书籍装帧的智能语言，不仅是对科学技术的物尽其用，更是让书籍装帧实现更多的可能。

第一节
科技之上的"五感"传播

汉字的"美"字概括了中国的美学思想，生动形象地描述了人类审美体验的"五感"历程：第一，"美"是从味觉开始的，"美"从"羊"这是指品质鲜嫩的羊肉，给人美味的感觉。"民以食为天"，中国人的审美带有功用性，羊的美味满足人的口腹之欲和生理的需要，这是审美的第一个层次；第二，"美"进入了视觉的审美，"美"字上为羊，下为大，"大羊"为美，中国人以雄伟、强壮为美；第三，进入了听觉审美，"羊"的叫声是柔和的，有节奏的，含情脉脉的；第四，进入了触觉审美，羊毛的柔软、洁净，给人舒适的感觉；第五，最后进入了心觉，羊的天性柔顺、善良，汉字的"善"字、"義"字、"祥"字都以"羊"字作为构件。人们对书籍美的感悟同样经历了"五感"的历程，当然，其感觉的顺序有所不同。

书的形态是立体空间，读者的思维模式是在阅读时"译码—编码—再译码"的动态过程中建立的。读者翻动书页，触觉感官接收到触摸时带来的感受，同时文本信息与视觉符号进行交换，带动多感官的阅读参与。在书籍装帧设计时介入新技术，通过技术搭建书籍与读者的"五感"共鸣桥梁，帮助读者在良好的"五感"体验下全身心、沉浸式地投入阅读，让书籍装帧中关于"五感"的设计更能体现作品的生命活力。

一、视觉打造读者第一印象

"有图有真相"，读图时代，文字已不再是大众获取信息的唯一媒介，多重感官相互作用的图片正以可视性的形式出现在读者面前，视觉成为认知的想象性延伸，我们"像用手一样用眼"。依据有关调查数据显示，信息时代的传播需求不再停留在简单的了解层面，而是需要挖掘更深层的心理满足的需要，"五感"中的视觉体验在书籍装帧设计中一直占据主导地位。当某本书视觉具有足够吸引力时，便会引导读者因好奇心翻阅书籍，产生其他感官体验。书籍的视觉体验能让读者在第一时间通过准确的视觉传达方式形成清晰的认知。

《汉字美学》

　　书籍的视觉形态构成不只是书籍设计师再现构思立意的第一步，也是影响读者阅读印象的第一眼。视觉在人类审美中的重要性不言而喻。俄国文艺批评家车尔尼雪夫斯基在《生活与美学》一书中说道："美感是和听觉、视觉不可分离地结合在一起的，离开听觉、视觉，是不能设想的。"书籍阅读依靠人的眼睛或少数触觉来完成。随着设计理念中人文情感的纳入，书籍形态设计越来越重视读者的视觉感受。设计师通过对色彩构成、造型结构、材质肌理、图文排版、版面留白等元素的应用，充分展现书籍所蕴藏的生命力。书籍版面中文字、图像、色彩、空间等视觉元素的分布，随着点、线、面的动态性跳动发生变化，赋予视觉元素以和谐的秩序，字里行间反映的气氛随着故事情节的发展或清晰，或流畅，或曲折。

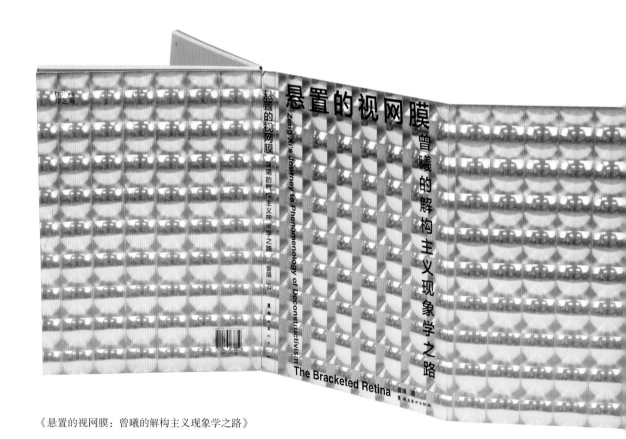

《悬置的视网膜：曾曦的解构主义现象学之路》

在阅读的过程中，读者通过视觉刺激在脑海中构建信息流和意义流。为了能将作者的文本内容完整地描述给读者，传统图书设计会添加不同的颜色来补充文字内容，以此增加读者的沉浸感。[①]但也有一点要注意：不同民族因其独特的民族习俗和审美习惯，对色彩的理解和认知也略有不同，例如红色在亚洲文化里是幸福和庆祝的颜色，而在中东文化中却带有警戒和危险的含义。书籍的定位因其内容差异，在色彩运用上也要求设计师做到有的放矢。譬如大众科普类书籍的色彩强调神秘感；专业性书籍的色彩要求严肃、端庄，体现权威性；而时尚设计书籍的色彩则强调个性化等。著名文学大师巴金的作品《家》这部小说的封面设计整体采用淡灰色为底色基调，给读者营造出强烈的压抑与沉重之感，封面的正中心为书名"家"一字，字体采用了极具视觉冲击力的书法体，并且几乎占据了整个封面的一半；"家"字体的颜色由上而下从一开始饱和度高的大红色逐渐变得暗淡，暗示着这个大家庭由兴盛逐渐走向衰落；封面上四个角的古老门环装帧，则暗示着这个家被传统的顽固保守旧思想牢牢地束缚和控制住；封建社会中，在"家"阴影的笼罩下两个主人公在门前拖着修长的背影，仿佛在相互哭诉，恰到好处地暗示着本书主人公懦弱的性格，以及对这个家庭的憎恨与无奈之情；为了表现大门被风雨侵蚀过，特意采用有肌理的特种纸[②]准确地表达了那个时代的气息。在这里，设计师准确地通过把握《家》中的主旨内容和人物事件精髓来进行视觉创造，利用色彩和文字等视觉符号使读者在不知不觉中落实了对其第一印象的萧瑟和沉重之感。

---

① 杨海平、杨晓新、白雪：《出版概念与媒介嬗变研究》，《中国出版》2021年第18期。
② 具有特殊用途的、产量较小的纸张称为特种纸。现在销售商将压纹纸等艺术纸张统称为特种纸。

二、听觉唤醒的记忆与交流

我们与听觉有关的阅读体验主要来自以下三个方面：一是电子有声读物、听书社区等有声阅读软件；二是翻书时因材质不同而发出不同的声音，但是这类声音对整体的阅读效果影响甚微；三是伴随式的背景音效，如书籍配套赠送的光盘，设计师提前设置好在翻阅书籍时产生的背景音效。最早被大众熟知的点读机就是利用听觉体验的设计方式，通过"哪里不会点哪里"的点读发声、按键发音的方法，为青少年提供更智能化的学习方式；而近些年来，在二维码技术的加持之下，童书读者已经能实现随时听书了。

书籍中的听觉设计元素与其他感官元素传达出相近或相同的信息，利于增进书籍内容传播的强度，达到更高效的阅读体验。心理学中的"麦格克效应"①研究表明，特定情况下，对于相同的信息，人单纯依靠耳朵与视、听等多感官并用相比，对其的了解程度是有差异的。实验结果证明了听觉与其他感官信息的协调性和相干性对认知的重要作用——即听觉感官与其他感官产生共鸣时能够提高信息传播的效率。因此，听觉感官的共鸣在书籍装帧设计中的重要作用也就不言而喻。

书籍是有温度的载体，传达的也是有温度的声音。在书籍中，听觉感受一般通过翻动不同纸质时所产生的声响来表现，如竹简翻动时竹片挤压碰撞发出的声音，卷轴舒展开时绵柔的声响，宣纸在翻阅中摩擦出的细微"沙沙"声，课本纸翻阅时的"哗哗"声，不同的书籍在翻动时都有着自己独特的声音。

在文字社会中，书籍阅读的形式往往是读者捧读，这个"读"可以是默读，也可以是放声朗读，此时听觉可作为视觉的有效补充。

---

① 是一个感性的认知现象，表现出在语音感知过程中听觉和视觉之间的相互作用。

三、触觉产生的联想与审美

媒介时代的变迁塑造着不同的社会文化与观念，从口语时代到文字印刷时代，再到电子媒介时代，感官从平衡到割裂再到返回感官平衡状态。①其中，触感是实质性感官。在书籍的装帧设计中，触觉指的是读者的肌肤对一本书的感觉。读者手捧书籍逐页翻阅，纸材的触感或柔软或坚硬，带来书籍内容之外的种种感受和联想。视觉上的文字符号是共通语言，但正如"一千个人眼中有一千个哈姆雷特"，不同读者通过触摸纸质材料而获得的触觉是存有差异性的，这种差异性依据读者的自身体会和经历而定。

在书籍装帧设计中，想象创造就是基于过去的感知、记忆和经验，以生活的表象为起点，借助近似对象的感觉与经验产生的联想。在经过初步勾勒的草图上，书籍设计师把分散的和游离的感知组合成一个全新的形象，通过视觉和触觉带动读者的认知模式。譬如读者接收到新的信息时，他们的大脑会通过动员和组织原有的知识和经验，补足新的要素来进行处理，对新信息的性质作出判定，预测其结果，以确定对新信息的反应。因此，在书籍装帧中，手感和质感的效果值得被关注。

纸张材质和肌理，会在读者抓握与翻阅等碰触过程中体现为手感，读者通过眼视、手触等产生的感觉贯穿阅读与艺术欣赏的全过程。在装帧设计中，可通过烫印、凹凸、UV等特殊工艺技术增添许多肌理和纹路，为触觉带来更多新体验。所谓"器物之美在某种程度上取决于材料之美"，用于书籍装帧的材料不仅有纸材，还有木材、塑料、织物、金属、皮革等，随着科学技术的发展，人造材料品种日益增多，各种材料的质感、色彩、肌理能塑造和表达出不同的个性和特点。材料经过书籍装帧设计师的创意可引起读者由手感而产生的共鸣，产生或典雅、或朴素、或简洁、或华丽的审美体验。

---

① 陈泽国：《关于"媒介"的再思考——读〈理解媒介：论人的延伸〉》，《新媒体研究》2016年第3期。

　　材质之美的本质是生活之美，是翻阅书籍后所产生的一种日常生活中的亲近感。纸张的质感在设计中扮演着非常重要的角色，不仅仅是一个复制文字的简单载体。台湾新生代设计师王志弘为梶井基次郎的《柠檬》一书设计了封面，他希望通过这个设计可以反映出人们日常生活的经历。柠檬是一种农作物水果，人们在购买过程中会对其用于包装的材料、用于运输的纸箱和纸箱上的标签留有印象。因此，《柠檬》的封面设计旨在捕捉这些感觉，使用日本竹尾纸业的一种双面牛皮纸，一面是带有灰色和噪点的白色，另一面是类似于普通的纸箱质地的牛皮纸，即使封面上并没有出现柠檬的图片，读者仍然可以将其与体验和认知相关联，从而达到联想效果。

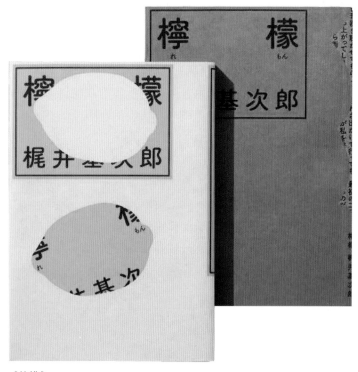

《柠檬》

四、嗅觉传递读者书香气息

嗅觉的产生，来源于书页翻动间的书卷之香。书香一方面是指书籍纸张本身具有的油墨味；另一方面是指书籍作为中华文明记录的载体而具有的特殊属性。如"明德惟馨"指的是美德芳香溢远，书籍因"文以载道""文以化人"而具有别样的书香味。从墨香到书香，读者的嗅觉既敏感又挑剔。

在"五感"中，嗅觉在书籍装帧设计中占的比例较小，但它却是最为敏感、持续时间最长的一种感官体验。每个人都会有自己偏爱的味道，嗅觉的作用是潜移默化的，嗅觉与人的心理、生理和人的行为密切相关。众多心理学家对有关视觉记忆和嗅觉记忆的实验表明：靠嗅觉记忆要比靠视觉记忆容易，而且在时间上也保持得更长久，当气味刺激与记忆挂钩，嗅觉会影响读者对书籍的关注度和持久度。[1]

气味具有易挥发和不易保存的特性，将气味应用于书籍，会加大书籍装帧设计的难度。一般而言，书籍中的气味运用最多的还是油墨的味道，油墨散发出来的气味带有一种文人气息，让人联想到"温润如玉"的谦谦公子。当前，市场上出现了大量各种香味的油墨品种，例如感温油墨，虽然价格稍贵，但在翻书过程中伴随着微微香味，使人精神集中，安宁人心，能够调节心情。

五、心觉引发心灵的升华

心觉是心的感悟、思想境界的提升。阅读一本书籍，读者可在书籍的字里行间信步游走，体味书中的遣词造句，品尝文字的深厚韵味，于无声处百感交集。

书籍中的心觉体验分为两类：一类是心理味觉。读者在阅读

---

[1] 徐春艳：《嗅觉感知在书籍设计中的应用体验》，山东工艺美术学院2013年硕士论文。

《这个字，原来是这个意思》

中品味文字内容和书籍设计，感受设计者想要通过书籍所传递的
"意味"。化学工业出版社出版的《这个字，原来是这个意思》
聚焦于100个汉字的解读，采用简册变体的独特形态和翻阅方式
构成整体设计思路，内页的叙事结构富于戏剧化，开启对折的书
页，呈现了每一个字的字形、字体形成的过程。设计过程中的形
态视觉、纸质触觉等，令读者联想起中国书籍形制的起源并感叹
"噢！原来这个字是这个意思"。

　　另一类是味觉联想，不是日常生活中所说的通过味蕾与书籍
接触所产生的，也不是直接单纯的刺激，而是读者依靠其他感
官与味觉之间的互通，在心里引发联想效应，譬如在图书中看
到食物的插图，读者会联想起关于这个食物的味觉体验。"味觉
体验"也是阅读过程中唯一一个不需要读者直接与书籍产生互动
的感官体验。纸质书具有的嗅觉和味觉是目前电子书籍无法比拟
的，尽管受限于工艺、材质等要素，书籍的味觉感受方面还有待
开发，目前更多的可食用书籍仍然停留在概念设计上，但不失为
书籍设计的一种发展思路。

第二节
新旧材料的多元化运用

随着时代的发展，书籍的装帧材料也变得越来越丰富，不同材料的选择会对书籍的装帧设计效果产生不同的影响。纵观当下，传统书籍正面临着数字化图书的巨大挑战，读者不仅仅重视书籍所提供的实用性和工具性功能，也越来越注重书籍蕴含的艺术价值和商业价值，书籍装帧设计的重要性与日俱增。因此，提高书籍装帧水平为现代出版业所重视，书籍装帧设计考究的是装帧综合材料和精湛的制作工艺的统一运用，两者的契合成为构成书籍装帧美感的重要因素。材料作为书籍装帧设计表现的具体化载体，是物化的色彩、质地、肌理等美感属性的传播媒介，其应用赋予了读者阅读的舒适、五感的感受、美的韵味和新的想象，在读者和书籍之间建立沟通桥梁，并且已经成为现代书籍发展的新动力。不同的纸质材料有不同的性能和特点，在实际操作中不同的纸张印刷后会有不同的效果。书籍装帧设计所运用的材料只有汲取传统与现代的养分才能融合现代审美创作出好的作品。

一、传统材料的新运用——特种纸

在传统的书籍装帧设计中，纸作为一种成本低廉、复制便捷、消费者接受度高的材质一直被出版者所青睐。与大众日常生活的认知所不同的是，纸材质的类型有明显的细分，比较常见的特种纸张有硫酸纸（植物羊皮纸）、压纹纸、合成纸（聚合物纸、塑料纸）、蒙肯纸等，其中文化用类特种纸和手造艺术纸在书籍封面、封底、扉页、勒口、内页、书腰装饰方面的运用比较普遍。特种纸通过利用人工合成的个性纹路，传递与传播书籍的形态与韵味、风格与节奏、内涵与高度，给读者在阅读过程中以不同的触觉体验与心理感受。

利用特种印刷等特种工艺，若想达到理想的呈现效果，可以对纸张进行局部加工。目前，比较常见的特种印刷方式有丝网印刷、热转印刷、光栅立体印刷和柯式印刷。出版者可以用不同油墨的特殊品质对纸张进行局部的特种印刷，使书籍封面和内页提升亮度，增加色彩的丰富度，如仿金属油墨、磨砂油墨、荧光油墨以及目前流行的UV光油系列等。

特种纸封面封底的装裱也有一定的要求，通过凹凸印压、局部镂空、浮雕印压、镭射烫印等工艺可使封面设计中的视觉重点更加地突出，将原本繁杂的肌理图纹变成虚隐的背景，在整体上提升了书籍装帧的精美度。在精装本的装帧设计中，也较常将特种纸裱灰板进行封面封底的装裱，对于纸张的材质、颜色和触感的选择，应该与设计理念中所要表达的风格是一致的。[①]比如复古质感在中国风题材中具有重要地位，其呈现常要用到花瓣纸和羊皮纸，珠光纸和丽芙纸则常常用来表达现代高贵奢侈的高级质感。在杭州景点手绘相册《愿·缘·圆》的设计中，为了凸显以蝴蝶为主题的特色，相册封面的装裱采用了珠光纸与灰板，运用白色珠光纸雕刻出镂空的蝴蝶花，与蓝色珠光纸呈现出的底色相互映衬。相册光滑的手感与在光线折射下微凸的纹理，彰显了相

---

① 李玲：《现代书籍装帧设计中常用综合材料的应用分析》，《美术教育研究》2016年第2期。

册高贵典雅的品质，内页每幅景点画面在手绘拼贴手法与各类纸质材料中混合重构，让读者体验到了相册的独特魅力。[①]

在书籍内页材料的选用上，可以通过艺术纸与普通印刷纸互搭或者反衬来展示书籍的独特设计美感。比如书籍的扉页可选用硫酸纸、自然纤维纸、麻纸等。硫酸纸的特点是纸质纯净、不易变形、透明度好、耐晒、耐高温、抗老化。自然纤维纸表面有不平整的纹理，使用此类纸不仅倡导绿色环保，并且还能够唤起读者对大自然的亲近之情。麻纸则具有纸质坚韧、纤维长、纸浆粗的特点，适合需要长时间保存的书籍。读者在翻阅图书时，目光会在书籍不同页面纸张中跳跃触碰，通过纸张质感能够感受纸张带来的书香与艺术美感。

二、新型材料的尝试——非纸材料

随着书籍装帧设计中思维意识的不断开拓和制造工艺水平的提升，书籍装帧设计师在选择装帧材料时极力在跨领域中寻找和创造新型材料，力求书籍装帧设计能够更好地表达书籍的思想内容。在新型材料的探索上，自然材料、高分子材料、特殊材料的运用为书籍的装帧设计锦上添花。

（一）自然材质

天然的环境造就了自然材质，使自然材质拥有独特的质地与构造，回归自然、返璞归真是这一类材料给人的第一印象，运用自然材质能够在一定程度上提升读者的环保意识。通过后期加工合成的植物、石头、动物羽毛等自然材料，能够对书籍作品起到古朴、亲切、和谐的润色作用。曾经有位书籍装帧设计师在海边

[①] 李玲：《现代书籍设计中常用综合材料的应用分析》，《中国职协 2015 年度优秀科研成果获奖论文集（上册）》，2015 年 12 月。

收集到两个形状非常相似的贝壳后迸发出了他的设计灵感。在对贝壳进行完消毒加工后，设计师将贝壳制成了线装本的书籍封面，内页也被裁切成了与贝壳轮廓一致的形状，作品体积看起来虽然小，但却能够让读者感受到真实感，唤起读者对广阔海洋的幻想和向往。对自然材料的理解与选用，主要靠设计者对书籍深入的理解和敏锐的把握。

（二）高分子材料

高分子化合物及其改质物的种类极多，在书籍装帧设计的运用上通常采用塑料、铝箔、PVC胶片、滴胶等，往往能够取得较好的仿制效果。

比较常见的高分子材料是塑料膜，在书籍装帧设计中，塑料膜的应用是书籍装帧设计的一大突破，将塑料膜应用到书籍装帧设计中能够产生不一样的书籍装帧效果。比如，在毕学峰设计的《深圳平面设计六人展》一书封面中，塑料膜的使用就很好地发挥了材料的特点。普通的塑料膜平平无奇，但是在将封面中六个人的名字笔画打散之后进行重新组装，呈现出重叠的效果，这种特殊的设计方法可带给人一种视觉上的冲击。

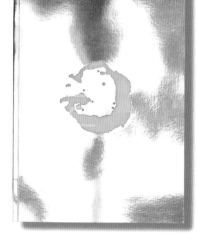

《G⁺》国际平面设计杂志No.1

铝箔是生活中常见的一种材料，用在书籍设计中能够出现一种意想不到的效果，使书籍装帧设计更加有质感。比如，在阅读《G*》国际平面设计杂志第1期时，读者需要撕开包裹在书籍外层的铝箔，仿佛是在打开一道色香味俱全的菜肴，给人以多重感官上的冲击。铝箔在书籍装帧设计中是比较流行的元素，运用铝箔能够很好地体现科技时尚感。

（三）特殊材料

特殊材料是指平时不常见、难以获取的复合型材料。譬如朱赢椿设计的《元气糖》一书，一些不常见的医学材料被运用到封面和封底的设计中，这些医学材料的最大特点在于材料品质稳定、无毒无害，并且不随天气温度的变化而变化，即使温度极低时读者触摸书页也不会感觉双手寒冷。同时，此书的封面设计没有复杂多余的装饰品，只是由简单的小圆点构成了"元气糖"的题目，书籍的四周设计成圆角，让读者初见此书时便有耳目一新的感觉。

就目前而言，特殊材料的运用并不是很常见，其原材料成本高是一大难题。

《元气糖》

三、融合背景下的创新——多元材料

为了提升阅读体验，可以运用多元材料来实现书籍装帧设计的创新。在传统的出版业中，读者对书籍仅仅是阅读，是视觉的单一运用；但在新媒体融合以及数字阅读的背景下，书籍的装帧设计更加强调感受阅读，即是让读者通过"五感"，对书籍的内容进行全方位的体验式阅读，从而达到与书籍融合的目的，让读者切身体会书籍设计的奥妙与精巧。

在新媒体技术的不断发展下，书籍的印刷材料从千篇一律的纸张逐渐变得多样化。因材料的色彩、质感、纹样、肌理、厚度等的不同，每种材料都有其自身的特点、审美特征以及情感表达。运用多元材料使书籍的内在表达不只拘泥在文字和图像中，而是跳出扁平化的材料，将书籍内容的表达通过立体化形式呈现，可以为书籍装帧设计探索出更多可能。除了传统的材料，越来越多的书籍装帧运用互联网技术，建设在线阅读的网站或者App，实现书籍线上和线下阅读的自由化。借助新媒体技术，书籍的装帧设计实现了动态化的转变，文字内容通过声音、图片和影像的形式呈现在读者面前。如一些儿童绘本的装帧设计不仅具有图书装帧的基本元素，设计者还增添了有声阅读板块，辅助儿童的阅读。

第三节

时代演进的技术合成

印刷术的发明给予信息传播又一个新的途径,大大降低了人们创造和获取知识的时间成本。印刷术的演进是一个漫长的过程,随着印刷术的推广和应用,人类文明的传播也进入了新时期。随着每个时代中新理念和新技术的涌现,印刷术如游戏一般通过"打怪升级"慢慢地从"青铜"变成"王者"。时代演进和印刷技术更迭,这两股力量共同改变书籍形态的边界。

一、书籍装帧的技术核心

书籍装帧技术的变化与出版技术的发展息息相关。从雕版印刷术的发明到数字印刷术的实现，书籍装帧的历史已逾1500年。

（一）雕版印刷的发明与发展

纸发明以后，文字要用手来抄写，信息还需要人工传达。晋代文学家左思构思多年，写成了《三都赋》，大家认为好，互相传抄，一时洛阳的纸都贵了，"洛阳纸贵"便成了我国历史上的一个有名的典故。手抄书籍，辗转传抄，时间长了，错误越来越多。后来，我国劳动人民发明了雕版印刷术。印刷工匠先在尺寸相等的木板上抹上一层浆糊或胶质，然后在木板上贴上透明稿纸有字的正面，再由刻工把文字和插图刻在木板上，让字和图凸出来，版面涂墨后再覆盖上纸张，轻轻一刷，字和图就印在纸上了。

关于中国雕版印刷术的发明时间，古今中外许多学者参加了讨论，提出了种种说法，但迄今为止，尚未有令人信服的确切时间。学者们从不同专业角度审视印刷术，难免带有一定的局限性，但多数学者认为印刷术发明于佛教盛行的隋唐时期。北京大学教授肖东发在《中国图书出版印刷史论》里写道："雕版印刷术的发明者是中国的佛教徒，因为他们具有强烈的复制图文传播佛教的愿望，又肯花力气多方探索与实践，终于获得成功。中国的佛教徒对印刷术的发明与发展作出了极为重要的贡献，他们对世界文明的功绩，将永载史册。"[1]现存世界上最早的有明确日期的印刷品是1900年在敦煌千佛洞中发现的《金刚经》，卷尾记明是"咸通九年四月十五日王玠为二亲敬造普施"。客观上，就目前研究成果论之，雕版印刷术发明的时间以"不晚于隋朝"的提法为宜。

---

[1] 肖东发：《中国印刷图书文化的源与流》，《图书情报工作》2000 年第 7 期。

雕版印刷

印刷术有一个长期的演变过程，是无数先贤集体智慧的结晶，隋唐五代时期只是印刷术开始推广和初步应用时期。五代虽短，但其印刷术的推广应用却功勋显著，如五代时期冯道刻印《九经》，既是监本之始，又是中国历史上首次大规模刻印工程，为宋代雕版印刷黄金时代的到来奠定了坚实的基础。[1]

两宋时期被誉为雕版印刷的黄金时代，雕版印书得到迅速发展。方以智在《通雅》卷三十一中说："雕版印书，隋唐有其法，至五代而行，至宋而盛。"经过长期实践，宋代的雕版书体逐渐摸索出一种横平竖直、纵向略长、笔画瘦硬的刻书体，这种书体便是后来宋体字的雏形。

元代的商业性印书中心以北方的平阳和南方的建安为最盛，仅在建安一地便有48家书肆印行书籍。在字体的选用上，除颜体、欧体、柳体外，赵孟頫书体十分流行。在刻书的内容上，除了当时士大夫诵读必需的经、史以外，以农业为主的书籍开始被重视并被编纂，如《农书》《农桑辑要》等，已被大量刻印并流

---

① 郑军编：《书籍形态设计与印刷应用》，上海书店出版社 2008 年版。

传。元代刻书的版式与宋本接近，也是字大行宽，多为白口、双边，中期以后版式行款逐渐紧密，字体缩小、变长。

明代在印刷技术方面首先使用了金属活字，改进了木版多色套印的方法，并使用雕版摹印的方法复制古本书籍。刻书题材也出现了以前从未刻过的内容，譬如通俗小说、音乐、工艺技巧、航海记志、造船技术以及西方的科学论著。明代的雕版印刷字体最常用的是仿颜、欧、柳、赵体，其中赵体应用得更多一些。

清代是中国传统印刷事业发展的最后阶段，清王朝对图书的收集和整理，尤其是对大型类书、丛书《古今图书集成》和《四库全书》的编纂颇为重视。清代雕版印书的字体，一般可分为手写体、宋体两大类，手写体在清代又称为软字体，即先手写上版，然后雕刻，利于阅读。

（二）活字印刷的发明与发展

活字版印刷术是一个完整系统，除活字本身以外，还由拣字、排版、固版、回字、上墨、刷印等工艺系统组成。北宋科学家、政治家沈括在《梦溪笔谈》①中所记述的毕昇发明活字版印刷技艺，为世界范围内对活字印刷术的最早记载。值得注意的是，活字印刷术并没有完全取代雕版印刷术，雕版印刷仍是宋版的主流，印刷技术的突破创新，让非官方的知识得以快速传播，极大地推动宋代刻书业的发展。

活字印刷术的发明是印刷史上的一次伟大的技术革命，是我国古代劳动人民经过长期实践和研究的成果。发明人毕昇在北宋庆历年间（1041—1048年）发明的活泥字标志着活字印刷术的诞生，它比德国的谷登堡活字印刷早了约400年。活字印刷术在印刷步骤上与雕版印刷不同，毕昇用胶泥做出了很多大小一致的毛坯，在它们同一面刻上不同的字，再烧硬就成了活字字模，印刷后还可以将泥活字取下以备下次使用，遇到生僻字也可以用的时

---

① 《梦溪笔谈》东山书院刻本，版本可靠，流传有序，现收藏于中国国家图书馆。

活字印刷

候再现刻烧制。"死字"变为"活字"，改变了过去雕版印刷费时、费工、费料的"三费"状况，以及大批书版存放不便、错字难改的缺陷，从而进一步提高了印书速度。

　　到了元代，农学家王祯为了克服胶泥活字"难于使墨，率多印坏，所以不能久行"的缺点，经过反复试验，创用木活字3万多个，设计了完整的木活字版工艺，包括活字制作、排版方法、轮转排字盘、按韵存放活字等，并撰写《造活字印书法》一文，成为印刷史上的重要文献。据王祯《农书》记载，在他之前有人曾用锡制活字，这是金属活字的开端。到了明代，铜活字版大兴，今存铜活字版印本百余种，印刷地区有常州、苏州、南京、杭州、建宁、广州等，以无锡锡山华氏和安氏最著名。进入清代后，活字应用更广，泥、木、铜制的活字皆有，清康熙四十二年（1703），武英殿开始刻制铜活字大小各一副约10万枚，到雍正四年（1726），排印完成了铜活字印本《古今图书集成》①。共64部，每部10040卷，装5020册，这样大部头的铜活字本百科全书为中国印刷史上的创举。

_____

① 此书完整的一部藏于中国国家图书馆善本库中。

（三）平版印刷的现状与发展

平版印刷是用图文部分与空白部分处在同一个平面上的印版进行印刷的工艺艺术，根据石材吸墨及油水不相容的原理，奥地利人塞纳菲尔德于1796年发明石印平版印刷术，包括石版、珂罗版、早期的照相平版和胶版印刷等多种。其中单色绘石石印术是最早发明和传入中国的平版印刷术，传入时间不晚于1832年。

石印平版印刷术其实诞生于一件偶然的事件。据说，塞纳菲尔德因自己创作的乐谱无力交付印刷所印刷，不得已自己利用木板和铜板制作印版进行印刷。起初效果不佳，但后来他想用墨台，就在开尔敦买了一块开尔敦石[①]。一天，他想用这块质地坚实、平滑的石板代替铜版做板材试用，便将石块磨光洗净。刚巧在这个时候，他代人洗衣服的母亲让他帮忙记一下洗衣账目，可当时笔墨纸张并不在手边，他便随手用印刷油墨把账目写在了石板上。事后在他试图擦去石板上的字迹时发现墨迹非常牢固。无奈之下，他用硝酸去擦，结果不但墨迹更加牢固，而且字迹还凸了起来。此时他顿然悟到：如果用药水腐蚀石板而字迹又不受影响的话，那么用这种方法制作石版进行印刷岂不比刻制木版和铜版更加方便。

19世纪初，平版印刷初露头角。平版印刷标志复制技术进入一个全新阶段，这一工艺简便得多，其特色是在石板上描摹图样，有别于在木板雕刻或在铜板上蚀刻，它使得版画能够描绘日常生活，并且开始与雕版印刷术并驾齐驱。由于石印比雕版花费成本低，字体更小更随意，印制的图片效果也更自然，因此从清末到民国初期，几乎一夜之间历经千余年的雕版印刷术被淘汰出局。

石印平版印刷术

[①] 化学成分为碳酸钙的大理石。

（四）照排印刷的现状与发展

过去，拣字是门硬功夫，拼版更是体力活，填完字的铅字框重几十斤，一个青壮年搬起来也要费不少劲。老编辑们都深知如果在报纸清样上改一个字问题不大，但如果删掉一个或是几个字，麻烦就大了，排字和拼版的师傅们不得不面临重复劳动的难题。激光照排印刷技术便是在那个年代提高报纸的出版速度和印刷质量的武器。它使电脑里的图文生成到胶片上，为印刷提供了可供晒版的胶片，大大缩短了制作周期。

20世纪初，照相技术被引入印刷业，成为一场革命的前兆。随着计算机和激光技术的发展，20世纪70年代西方发明激光照排技术，开始淘汰铅印。但我国那时的印刷出版业仍沿用"以火熔铅、以铅铸字"的铅字排版和印刷，较于激光照排技术，这种传统印刷术的出版效率非常低。为此，我国在1974年8月设立国家重点科技攻关项目"748工程"，研发汉字信息处理系统。中国技术家王选借鉴国际先进技术，带领团队攻关，解决汉字识别难题，于1985年发明出汉字激光照排系统。1985年，华光Ⅱ型系统在新华社顺利通过中间试验的国家级验收和鉴定，实现了激光照排的实用化，共生产了8套系统。1987年5月22日，《经济日报》4个版面全部采用激光照排，出版了世界上第一张采用计算机屏幕组版、整版输出的中文报纸，成为我国第一家废除铅排作业的报社。[1] 1987年底，全国共运行激光照排系统48套，实现了激光照排的产品化。到了1993年，来华研制和销售照排系统的欧美和日本著名厂商全部退出中国市场，以王选技术为核心的国产激光照排系统被运用到国内99%的报社和90%以上的黑白书刊印刷。激光照排技术让汉字从计算机中"诞生"，使汉字印刷术"告别铅与火，迎来光与电"，古老的汉字重新焕发出年轻的神采。

---

[1] 卫仲：《王选教授与他的科技成就》，《科学新闻》2002年第3期。

（五）孔版印刷的现状与发展

　　孔版印刷又叫丝网印刷，即用丝网做版材的一种印刷方式。具体的方法是在印版上制作出版膜和图文两部分，版膜的作用是阻止油墨的通过，而图文部分则是通过外力的刮压将油墨漏印到承印物上，从而形成印刷图形。其原理为：印刷时通过刮板的挤压，使油墨通过图文部分的网孔转移到承印物上，形成与原稿一样的图文。由于孔版印刷必须透过网状之孔而落下油墨，故其印刷物表面会产生布纹样式印痕。因其印刷油墨是透过网孔而达到纸面的，用肉眼可以看出厚度，印刷油墨不发亮也是孔版印刷的特点之一。

　　丝网印刷最早起源于中国，距今已有两千多年的历史。早在中国古代的秦汉时期就出现了夹缬印花方法。到东汉时期夹缬蜡染方法已经普遍流行，大大提高了产品印制的水平。至隋代大业年间，人们开始用绷有绢网的框子进行印花，夹缬印花工艺通过改造发展为丝网印花。据史书记载，唐朝时宫廷里穿着的精美服饰就有用这种方法印制的。到了宋代，丝网印刷又有了发展，并改进了原来使用的油性涂料，开始在染料里加入淀粉类的胶粉，使其成为浆料进行丝网印刷，使丝网印刷产品的色彩更加绚丽。

　　独特的色彩，微妙的质感，明明无比时尚却偏偏又蕴含着沧桑怀旧的味道。孔版印刷神奇的魅力吸引了不少设计师和艺术家将它作为创作工具，自由发挥新奇好玩的灵感和独一无二的艺术创意。目前国内有许多创意设计工作室致力于运用孔版印刷方式打造新颖有趣的图书。譬如PausebreadPress（加餐面包）成立于2011年，是香蕉鱼书店推出的个人化印刷品定制服务，也是国内第一家Risograph设计工作室。旨在为国内的摄影师、插画师、独立出版人、设计师、画廊、艺术院校和其他文化机构，以及普通艺术爱好者提供从RISO孔版印刷、手工丝网印刷到书籍装订等个性化服务。

丝网印刷

（六）数字印刷技术的现状与发展

现在的印刷早已不局限于报纸、杂志、图书等物质载体，互联网的崛起加速了媒介多元化发展，无纸化载体是界限被打破的产物之一。无纸化载体代表了要有新的印刷技术来支撑，此时数字印刷技术应运而生。数字印刷就是利用某种技术或工艺手段将数字化的图文信息直接记录到承印物介质上的一种技术，它以按需、可变、即时为特色，随着技术的不断改进，近年来在产品质量、承印幅面、速度及介质上均有进步。

数字印刷的具体工作原理是：操作者将原稿（即文字图片信息、数字信息、通过网络接收的数字文件等）输到电脑上，在电脑上进行设计、修改、编排成为满意的书籍等数字信息，经RIP软件[1]处理，成为相应的单色像素数字信号并传到激光控制器，发出相应的激光束，对印刷滚筒进行扫描。由感光材料制成的印刷滚筒经感光后形成可以吸附油墨的图文，并转印到纸张等承印物上。[2]

在出版物印刷上，根据印刷数量逐渐形成了3个版块：千册以上长版采用传统印刷、几百册短版采用高速喷墨印刷、几十册及以下采用激光数字印刷。出版社一般会按照这3个版块的概念来选择对应的印刷服务商。数字印刷技术在出版社的应用，在现实层面上解决了传统印刷千册起印的问题。出版社难免有一些几百印数的图书，其中新版品种主要是有一定学术价值但属于极小众市场的图书，其社会效益远大于经济效益，如部分基金类图书、某些专家的学术专著、高端学术论坛文集、各类需出版的技术标准等；重印品种主要是需要补尾数的图书，如批量教材完工后一两个预订漏报的学校订单、属极小众市场但每年仍有少量需求的图书等。这类图书以往只能按传统印刷最低起印量印制，发行后剩余的图书搁置在书库，来年能用则用，不能用酌情报废。数字印刷能够解决起印量问题，将这类图书按需求量印制，有效减轻了库存管理压力。

---

[1] 光栅图像处理器。

[2] 虞琼：《数码印刷行业服务供应链内涵及模型构建》，《物流科技》2011年第5期。

二、书籍装帧的特殊工艺

印刷是一个系统性工程，可分为印前、印刷和印后加工三大工序。

其中在印刷和印后加工的过程中，设计者为了产品能够呈现出特殊的效果，采用独特技巧和手法，这些技巧和手法被称之为特殊工艺。如覆膜、模切、上光、UV和烫印等印刷工艺可以为书籍带来在形态、结构和肌理上的变化，增强书籍阅读感和体验感。

（一）覆膜

覆膜是将黏合剂涂在透明的塑料薄膜上，与纸张印刷品经加热、加压后粘合在一起，形成纸塑合一的产品的加工技术。它能起到保护和增加印刷品光泽的作用，还可以使图文的颜色更鲜艳，更富立体感。如今应用最为广泛的是新型双向拉伸聚丙烯薄膜（BOPP），其透明度高，光亮度好，且柔韧、无毒、耐磨、耐水、耐热、耐化学腐蚀，物美价廉。但从缺点上看，覆膜工艺采用了塑料材质，在加工过程中需要使用化学药水如含苯溶剂等，而这种材料不符合无污染的健康环保印刷理念。印刷纸张经过覆膜工艺后，便很难回收再利用，而是成为了一种类似白色塑料的污染物，因此，从环境保护的角度看，覆膜工艺属于非环保类印刷工艺技术。

覆膜

（二）上光

上光是在印刷表面整体或局部的地方涂布亮光浆，干燥后形成结膜的一种工艺技术。整体上光的产品表面具有不同效果的光泽（亮光或哑光），同时提高了抗水、耐磨等性能；局部上光的产品装饰效果非常独到，常用的是UV局部上光。通过印刷物表面UV部分带来的特殊光泽和肌理，书籍表面的触感和质感能够产生微妙的变化，而且随着观察角度的变动，这种变化也会产生一定的体验差异。书籍阅读行为是彼此互动的视觉感受，是普通的印刷方式无法带来的。但从缺点上看，在上光工艺制作的过程中，光油内部没有彻底固化时其内部的上光油稀释剂会逐渐被油墨、纸张吸收，同时会对油墨中连结料产生作用，造成油脂缺失，颜料得不到足够的保护，颜料颗粒游离，这时纸张涂层和油墨层表面的平滑度就会降低。粗糙的表面会对光产生漫反射，在颜色中增添一些白色成分，使得明度升高，饱和度下降，给人以整体泛黄、色彩变淡的感觉。

上光

（三）烫印

烫印是利用热转印技术将金属膜等烫印材料转印到印刷物表面的一种印刷技巧。一直以来，由于工艺和成本的限制，烫印工艺几乎是精装书籍的专利，而随着现代烫印技术的逐渐普及，大量的平装书籍上也开始使用这种工艺。现代的烫印不仅包括了常见的金色和银色烫印，也包括了更具有表现力的彩色烫印、激光烫印和全息烫印等多种类型。由于采用了不同类型的印刷技术和印刷材料，经过烫印的印刷物表面与其他采用平版印刷的视觉部分形成了鲜明对比，金属光泽彰显出书籍的高贵感，因此，烫印技术常常用以强化书籍页面中重要的视觉信息。从缺点上看，热烫印工艺需要采用特殊的设备和加热装置，还必须制作烫印版，因此，获得高质量烫印效果的同时也意味着要付出很高的成本代价。

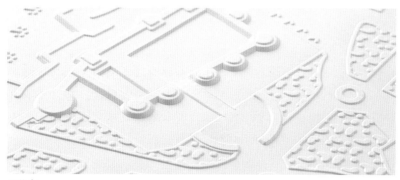

凹凸印

（四）压凹凸印

压凹凸印也叫凹凸印，最早起源于我国，是一种不用油墨的印刷方式。它采用一组图文对应的凹版和凸版，将承印物置于其间，通过一定的温度和压力，在印刷品表面形成凹凸的痕迹，使产品具有立体感。在现代书籍设计中，这种工艺常常被用来形成书籍表面具有立体特征的图形或者文字，以增加装饰效果。尽管凹凸工艺形成的立体感形态更类似于浮雕，但这种"立体"的局部与书籍表面"平面"部分形成了形态上的对比，增强了书籍表面立体感和触感的作用。从缺点上看，压凹凸工艺的制版周期较长，成本较高。通常适用于大批量的印刷，批量越大，效益越高。

（五）模切

模切技术是利用机械模具的压力，用刀片对印刷物整体和表面进行切割、造型的手段。进入印刷时代以来，为了便于纸张的切割，绝大多数的书籍都是以矩形的标准形态出现的，在现代书籍设计中，随着印刷工艺手段的不断创新，模切工艺的运用可以形成各种非常规的书籍形态，改变了以往读者熟悉的刻板形态，通过对书籍的整体切割形成不同形状的书籍外形，增添新鲜感。从缺点上看，虽然模切工艺经济实惠，但是还是有无法达到的预期效果的缺陷，无法满足各类型的需求，像是太小的圆、细小的弯折，或是太硬的材质等情况都无法克服。

三、书籍装帧的现代演进

书籍形态不断扩展，离不开技术进步所带来的媒介的重塑。在现代书籍设计中，设计表现早已不再局限于封面、扉页和版面等常规的设计区域，数字化技术、创意装订技术等依托技术性环节的内容成为了书籍设计领域新的关注点。

（一）边界消失：现代书籍的形态概括

1. 电子书的形态

电子书是以互联网和其他数据传输技术为流通渠道，以数字内容为流通介质，综合了文字、图片、动画、声音、视频、超链接以及网络交互等表现手段的一种阅读模式，同时以拥有大容量存储空间的数字化电子设备为载体，以电子交付为主要交换方式的一种内容丰富的无纸化书籍。电子书从根本上改变了人们的翻阅习惯和翻阅方式，人们无需再和纸张、墨印接触，而转向电子屏幕的界面。

电子书与纸质书籍的不同之处在于电子书除了提供读者书籍阅读功能外，还利用电子媒介的特性，让读者从单一的视觉感官之中转变过来，通过声音、动画、视频等多媒体手段，让读者能够最大限度地参与和融入，实现书籍与读者"互动"，为读者提供一个三维立体的感受空间。在豆瓣阅读上，读者在阅读电子书的过程中可以查看其他读者在阅读期间留下的批注，这就意味着，不同读者对这本书的不同感想和观点都可以通过电子的方式进行隐性的分享和交流，实现圈层化互动。

"纸"与"书"在大众认知中仿佛一对"CP"形影不离，然而随着电子技术的发展，电子屏幕随处可见，它已成为知识与信息传播和保存的新载体，电子书正以其独有的优势跻身于未来的书籍设计领域中。人们对于电子书的期待固然是由于其得益于数字化的形态而具备的便携、低成本等特性。电子书的阅读是依靠一块块大小不同的设备显示屏完成的，这些设备包括PC、智能手机、Kindle、平板电脑等。由于设备依赖，电子书与纸质书之间存在一条看不见的界线，假如把一本纸质版的《红楼梦》和一个正在显示着电子版《红楼梦》的Kindle阅读器上下放在一起观看，我们会明显地感觉到一条无法逾越的边界，我们可以感受到纸质书带来的生命力，但电子版的显示屏却透露出一种"这么近，却那么远"的距离感。

当下，人们生产电子书的方式有两种：一种是将纸质书扫描成电子版，一种则是较为正规的数字化出版。前者只能被认为是一种电子复制行为，而后者才是真正意义上的电子书出版行为。但是目前普遍的情况是，许多电子书出版商在制作电子书时只是将纸质书上的版面内容和排版格式再次以电子的方式呈现出来。这样的结果是，电子书的排版会因为电子屏幕的大小不一而陷入混乱，字体不一致，缺乏一些新意。

2. 日历书的形态

日历在中国已经有了上千年的历史，它原本是每家每户过年期间必不可少的新年物件，但在离不开手机的今天，日历已经逐渐淡出人们的视野。然而，2009年故宫出版社制作的《故宫日历》（2010年版）掀起了图书市场中新的消费热潮。

日历书是指有中国标准书号的以次年日历为基础，融合文化、艺术、科学等内容的创意出版物，含日历、台历、月历，它已成为兼具功能属性、文创属性、礼品属性及收藏属性的特殊图书门类。《故宫日历》（2020年版）向六百年紫禁城致敬，选取

2020年版《故宫日历》

《了不起的"非遗"》

表现鼠年与紫禁城的文物，呈现精彩的艺术品。西西弗书店则推出一款自主研发的创意人文日历——《惜福阅历》，这款日历在每个页面右下方都有一行"名著名句"或"每日一问"，帮助使用者感知温暖，收获成长。其他如《漫画日历》则包含一些有趣的小故事等。各种日历书从不同方面助力消费的提高。

与传统实用的日历相比，如今的文化日历书更注重审美价值，既不是传统意义上以功能性为主的日历，也不是以内容性为主的阅读性书籍。而是在传统日历形态的基础之上，附加一些知识或生活的点滴趣味，掀起了当下日历书的购买热潮。"365天，每天一个小知识"——2022日历书《了不起的"非遗"》聚焦"非遗"知识的普及与传统文化精粹的传播，带领读者领略丰富多彩的"非遗"风采，感知"非遗"项目中蕴含的传统文化内涵。该书淋漓展现了唐三彩烧制技艺、古琴艺术、夜光杯雕等300多项国家级"非遗"项目，涵盖器皿烧制、中式插花、传统服饰等47个类别。每个"非遗"项目除文字介绍外，都配有高清摄影图或精美手绘插画，让读者每翻一篇都是惊喜；该书还精心挑选55个具有代表性的"非遗"项目配以视频介绍，视频全部由获得国家电影精品奖的视频团队出品，带读者近距离感受非遗魅力，与传承人零距离接触。

3. 概念书的形态

传统的书籍往往把书籍定义为纸质的六面体，是由作者、设计者、印刷者共同合作，并有封面、书脊、环衬、勒口、正文、插图等要素组成的一个综合体。传统书籍往往遵循严格的设计尺度和规矩，强调理性的秩序，同时也更注重印刷制作的便捷性。现代书籍设计作为一项整体的视觉传达活动，已不仅仅局限于传达信息载体的功能，而成为一门综合的视觉艺术。①

概念书设计正是装帧设计师们试图展现给我们的另一种眼光。概念书是对传统书籍的颠覆与再思考，是寻求表现书籍内容可能性的另一种新形态的书籍形式。它的设计打破司空见惯的传统书籍形态，创造出与众不同的新的书籍设计方式，可以对书籍产生的任何一个阶段进行横向性的展示和挖掘，也可以大胆运用各种设计元素，尝试组合使用多种设计语言；可以是对规格、空间构造、开合方式等异化形态的实验性探索，也可以是对现有书籍及设计的批判等。总之，概念书的设计是在恰当、充分表现书籍的主题内容的基础上，采用一种规则与反规则、秩序与反秩序的思路，对书籍设计的思路和形式进行构成和异化。

南方日报出版社出版的《书戏》一书，主要讲述了40位书籍设计师的设计感言和作品，这些设计师几乎一致认为书籍设计就宛如为艺术搭建了展示的舞台，给设计师以广阔的"表演空间"。《书戏》的封面以翻花绳作为主要的设计元素，整个装帧都能看到花绳的符号，让书中的"戏"的概念贯穿全书。

概念书更像是一件艺术品，是具有独特艺术价值实体的存在。它不以文字为主要内容，不以纸张为主要材料。它是点、线、面以及色彩的突破，从表现形式、材料工艺上进行前所未有的尝试，给读者带来文字之外的喜悦。概念书的形态没有固定的样式，它可以突破传统书籍六面体矩形的旧形式，通过各种异化的手段，创造出独具个性、令人耳目一新的新形态书籍。目前在我国，概念书的设计还处于起步阶段，它要求装帧设计师必须拥有熟练的专业技巧、超前的设计理念和良好的洞察力。

---

① 钱为群、靳晓晓主编：《书籍装帧》，上海交通大学出版社 2011 年版。

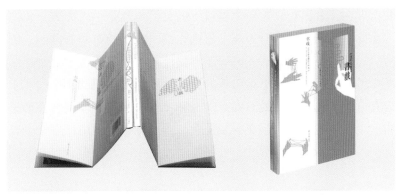

《书戏》

（二）突破常规：异形书籍的趣味探究

"异形"即非常态的造型，借以象形的、趣味的、立体的、非自然化的形态组合与同构来构建书籍新形态。马斯洛需求理论最初只有五层次的需要，包括生理需要、安全需要、归属与爱的需要、尊重需要以及自我实现的需要，而后期在自我实现的需要之下划分出了认知需要和审美需要，从而发展成为现在的七层次需要。认知需要可以理解为现实生活中克服障碍和解决问题的工具，如在日常生活中对新鲜事物产生的好奇心和求知欲。所谓"好奇之心人皆有之"，书籍装帧设计中的趣味性是立意的又一体现形式。"好奇"是求知的前提，对书籍内容文本求知能打破认知平衡中的信息不对称；对书籍形态设计求知能满足视觉触碰时的好奇心。人们习以为常、平淡如水的书籍形态自然无法在第一时间抓住读者视线，更无法让读者产生购买欲。能够引人注目的事物，往往将突破常规的思想融入到设计过程中，大胆、夸张、好玩、有趣等词语都可以用来形容。

21世纪电子出版物的普及挤压着传统出版物的生存空间，但巨大的压力也带给传统出版行业革新的动力。邓中和在《书籍装帧创意设计》中提出了书籍的"内容美，意蕴美，形式美"的概念，指出当代书籍作为一种多维度的审美对象在传承传统之外，更需要加入创新元素。传统出版人和装帧设计师们也在纷纷探索出版新路径，在近些年来，各种充满趣味性和耐人寻味的书籍不断出现在读者面前。在传统视域下的书籍虽然是一个方方正正的六面体，但其实这是对展现书籍内在美时的某种遮蔽和限制；圆的、扁的，甚至多边立体的形态不仅可以在视觉上带来新鲜感和趣味性，更能够展现书籍内部的特殊结构。纸质书的趣味性在于具有电子书无法比拟的三维空间，它可以将趣味性体现在外形结构、装订工艺、选材、文字编排及与新媒体结合中的任意一个环节。不仅蕴含着作者情感，也将互动性纳入设计之中，更加迎合当代人对于求新、求异、求趣的审美需求。

趣味性的外观设计会给读者带来最直观的信息传达，引起读者的阅读兴趣，但也不能忽视"书籍的最终目的是阅读"。如果书籍装帧设计只一味追求"怪异"的形态，展示外形，失去书籍的本质，便也失去了书籍设计的意义。由北京联合出版公司出版的《记得当时年纪小》入选2021年度"最美的书"。书盒上的封面以轻松的笔墨描绘出充满趣味的童年时光，姐姐手中滚落的线团划出一道优美的时光曲线，牵出书盒内六本经折装小书，也勾起读者好奇欲：作者的童年会是什么样的呢？黑白线描述说着童年的歌谣和往昔记忆，四色印刷的三册书中灵动分布的顽童更是充满童趣，此时无需过多的文字描述，即可引起读者或观者的共鸣。该书籍的形态设计特别适合与读者之间的互动，充满愉悦感。本书虽是以童趣为主题，但也不失为一本成人闲暇阅读的高雅读物。

《记得当时年纪小》

第四节

数字技术下的展望之路

在数字阅读流行的时代，技术的发展和新材料的出现也使得纸质书籍的发展有了更多可能性。当这种数字技术的发展持续渗透到书籍装帧设计当中时，产生的是双重影响：除了能使书籍装帧设计师运用多种设计软件和图库去激发创意设计，还必将促使读者形成新的认知框架去界定自身的阅读模式和阅读行为。

一、装帧的虚拟现实技术

虚拟现实技术是20世纪发展起来的一项全新的实用技术，综合利用计算机与现实中的各种终端设备，生成高仿真的、虚拟的可交互情境。设备或者科技媒介是虚拟和现实连接的"桥梁"，当读者穿戴这些设备时会产生近乎真实的感官模拟体验。虚拟仿真是多元信息的融合，既是现实世界的复现，也是作者主观想象的"世界"。2016年末，《悦游Traveler》书籍率先在图书市场上跨出新步伐，将虚拟现实技术与纸质书籍相结合。读者只需要下载Vivepager应用软件并且戴上VR设备，根据别册上的手势操作学习后就能亲身体验到各国独特的景色。

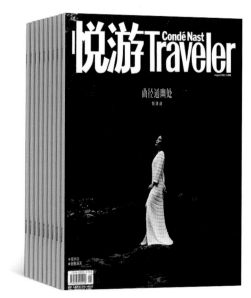

《悦游Traveler》

书籍里的虚拟现实可以理解为利用虚拟现实技术打造的虚拟现实环境，是伴随着计算机、互联网、人工智能以及社交媒体的出现，而人为制造出来的一种全新数字化人类阅读环境。虚拟现实技术的应用首先改变和颠覆了传统的读者与书籍互动的方式，传统互动主要是基于读者与图书之间面对面的互动，这种社会互动很难超越时间和空间的局限。而虚拟现实的出现极大突破了时空的障碍，读者与图书之间借助某个科技媒介实现的互动性对话，使读者在阅读中不仅可以体验如同翻动实体书籍一样的触感，而且可以阅读全景照片、音频、视频中丰富的内容。读者能够身临其境，主动沉浸到图书故事中，主动探索图书里作者隐藏的线索，触发更多想象空间。

虚拟现实技术的优势在于其独有的沉浸体验，改变了以往的读者线性阅读模式。近几年的"虚拟现实技术＋科普类图书"是图书市场里运用新技术的最佳组合。图书本身就是将人类的一切知识及成就记录在内的物质载体，科普类图书则将一些深奥难懂的知识通过图像、表格、漫画等直观有趣的可视化方式呈现在读者面前。一改以往只是将文字和图片信息进行简单罗列的书籍设计，虚拟现实技术打破一成不变的设计版式，扩展图书科技化的外部形态，呈现更多非线性与可视化的阅读方式，读者不止能"读万卷书"，还能在阅读过程中"行万里路"。

由中信出版社出版的"科学跑出来"系列图书，将虚拟现实技术与儿童科普图书结合，孩子们打开一本纸质书就能通过逼真的高科技领略古生物、地球科学、自然现象、太阳系等多学科知识。以该系列的《恐龙跑出来了》为例，只要在ipad、iphone或者

《恐龙跑出来了》

安卓系统智能终端上下载特定的APP，将摄像头对准书中的页面扫码，就能看到一只3D的恐龙从"侏罗纪世界"中"走出来"，不时发出震耳的怒吼声。这种科普类图书的书籍设计使知识可以全息立体地呈现在读者眼前，可视听，可互动，真正做到了让知识跃然在纸上，实现了传统图书的个性化学习。

二、装帧的数字化立体书籍设计

立体书也被称为弹出式可动书，主要是在书籍内页的翻阅过程中，根据内容需要设置各种纸结构造型，让平面的图文内容立体化或灵活调动，给读者带来区别于传统图书的阅读趣味和体验。运用叠加、抽插等纸艺技术以及一些活塞原理，让原本生硬刻板的平面图画变得立体且鲜活，犹如一个无声的老师在与读者互动。在翻阅的过程中，读者除了体会到有趣的视觉和触觉体验外，还能从中把握完整的信息内容，在阅读中体验由静态到动态的互动乐趣。未来的书籍设计要更加立体化，延伸图书边界，触摸图书的多维空间。

立体书的设计通常以立体化的图像为主，文字仅仅只是起着辅助图像说明的作用，这样可以使书籍的内容情节更能吸引读者。这种设计强调互动性与操作性，不同于静态的图书，立体书通过折合、跳立等立体造型与可移动式设计进行展示，书籍的内容须经读者亲自操作才能得到展现。页面之间突破了以往的平面排版思维，以娱乐的方式对纸张进行折叠和切割。

根据造型结构上的设计，立体书主要有以下几种设计形式：一、翻页式与折叠式立体书。翻页式立体书的页面以水平或垂直分割成若干面，使插图可以任意安排，产生许多不同寻常并且奇特的组合；折叠式立体书是一种相对传统的立体技法，书页为上下对开，不同于一般的左右对开，因此在阅读时必须把页面翻开成垂直状，才能完全呈现立体效果。二、旋转式与插页式立体书。旋转式立体书必须把书直立，然后把书本封面往封底折起，待封面与封底靠拢后折成柱状，展现出许多有层次的景致局部；插页式立体书是把缩小版的立体书页摆在页面左、右两侧，偶尔也会摆在上、下两侧，这种立体形式可以发挥补充说明的功能。①三、观景式与全景式立体书。观景式立体书可分为平面和立体两种，有些剧场般的场景需要用手拉起，全景式立体书呈现屏风式折页结构，展开时可以看到多页连接成一个超过180°的全景视野。

目前立体书在儿童类书籍中的应用较为多见。2022年冬奥会在北京和张家口举办，因疫情防控要求，大多数人只能在屏幕前观看比赛，不能实地深入了解北京冬奥会背后的奥秘。非常应景的《一起去看冬奥会》是一本给孩子们看的冬奥科普立体书，8开大本，广角呈现，适合3—8岁的孩子阅读，内含3个冬奥村、5大冬奥场馆、8大冬奥主题、15个冬奥项目等数百个奥运知识点。这本书通过"互动＋立体＋翻翻"的书籍设计把二维平面的知识变成3D立体形式。水立方是怎样变成冰立方的？冬奥村是什么样子

① 刘杨、袁家宁编著：《现代插画与书籍装帧设计》，辽宁科学技术出版社2010年版。

的？冬奥村的工作人员平时是怎样工作的？从申奥成功到成功举办，这本书把时间线埋藏在书籍中，等待着读者们根据时间节点去探索冬奥会台前幕后的故事。

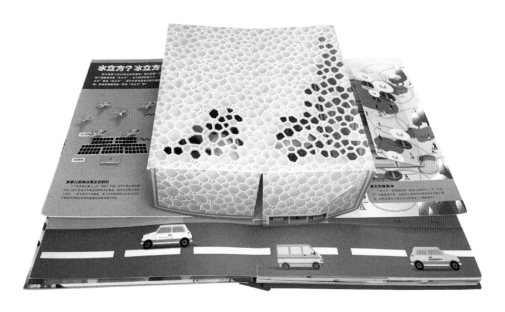

《一起去看冬奥会》

三、装帧的交互理念设计

交互，即交流互动和相互作用，也就是大众通过自己的感官来感知外界事物与自身之间产生信息沟通的过程。而所谓"交互技术"，通俗来讲就是研究大众在不同场景里与不同事物的信息沟通方式，作者与读者、作者与作者、读者与读者之间形成前所未有的文化共同体关系。新时代信息技术渗透到了社会生活的各个角落，数字交互技术的发展改变了人们认识世界、获取信息和交流信息的理念与方式，使文字、声音、图像和视频实现了融合，利用互动形式让大众与各类信息间相互影响、相互作用。简而言之，就是在书籍装帧过程中不仅仅要注重能传递给读者什么信息，还要注重读者的体验和参与，转变读者单方面接收信息的身份。

如果将过去传统的书籍装帧概念放在现代，已经明显不能适应读者对书的要求了。读者不再容易被花里胡哨的东西迷惑，他们真正想要的不是表面的精美设计，而是书籍本身的内容精髓。如果内容不够优秀，纸质书该如何吸引读者？书籍设计应该以读者为本，秉承一种"以读至上"的态度。因此，一位优秀的书籍设计师需要将读者的阅读过程纳入到设计的考量之中，提前预判读者的阅读场景、阅读特征以及阅读习惯，简言之就是将读者的用户画像贯穿于书籍设计中。

交互设计理念的核心是"互动"，即在读者和书籍间搭建一架桥梁，这架桥梁并不只包括读者在看完书籍后的反馈，还可以包括读者参与到书籍设计过程中。例如，在一些书籍的装帧设计中，设计师借助交互设计的技术将封面从封底经切口向封面包裹，严严实实，让读者在阅读前不知从何处打开；但是如果仔细阅读就会发现这本书在设计过程中需要读者完成一个"撕"的动作。通过这个动作读者就会感受到一个"读完"的体验，就与书籍完成了一次交互，读者与书籍之间的交流也会加强，拉近读者与书籍之间的距离。全开放式的互动模式给了读者更大的发挥空间，在《欢乐中国年》这本介绍中国过年习俗的书籍中，作者将餐桌与饭菜分开设计，饭菜放在了书中的"饭橱"中，读者可以

《欢乐中国年》

根据自身的喜好以及家乡习俗将设计好的饭菜贴在桌子上，完成独属于自家的年夜饭。这种设计过程中加入了读者的思考与属地特征，南北方差异一直是众人热议的话题，读者与书籍产生互动的瞬间，也是读者获取参与感和满足感的时刻。传统书籍带给读者的感官感受、心理感受和情感交流是无法被量化的，书籍设计师能做的便是通过设计引导读者进入到更高层次的精神领域，带给读者可以享受的文字内容，让传统书籍延续电子书无法替代的人文优势，成为充满生命力的知识载体。

中 国 书 籍 设 计 艺 术
ZHONGGUO SHUJI SHEJI YISHU

"师"品

中国近现代书籍装帧名家

第六章

从审美的一般过程看，人们习惯于先看"颜值"再看"价值"。人们拿起一本书，第一眼的印象便是书籍的封面设计与整体手感，因此，书籍的装帧设计成为读者产生消费行为的第一重选择标准，可以说，封面就是这本书的颜面，封面是这本书的"颜值"。一本书如何在群书中脱颖而出？独特新颖的设计是一个重要的因素，正是由于能够吸引读者眼球，才能激发读者翻书阅读的欲望。中国近现代书籍装帧设计理念、设计名家、设计作品搭乘着时间火车，从近现代到新时代，不变的是传承，变的是创新，他们创造了许多既有"颜值"也有价值的书籍。

第一节

先辈楷模——近现代书籍装帧设计大师

　　"五四时期"是中国近现代书籍装帧取得较大发展的时期，不少接受过西方思想的文学家和艺术家由于理想与现实无法达成一致而产生落差感，寄托于可表达心声的书籍中，"用文字呐喊，用设计传达"，此时涌现出许多启蒙大众的优秀书籍装帧设计师。

一、鲁迅：引领书籍装帧设计的"中国风"

　　（一）人物简介

　　鲁迅（1881—1936）：原名周樟寿，后改名周树人，字豫山，后改字豫才，浙江绍兴人，笔名鲁迅。

　　鲁迅出生于浙江绍兴一个没落的封建官僚家族，从小进入当地最严格的私塾"三味书屋"，接受正统的儒家思想教育，严格的教育让他对艺术充满渴望，幼年时期喜爱观看中国传统画本与小说插画。1904年，鲁迅决定前往日本仙台学医。1906年，鲁迅在"东京独逸语协会"创办的德语学校进修多门外语，其间接触大量外国文学作品。日本留学生活影响了鲁迅的世界视野与审美格调，这让鲁迅开始对国内出版物老套的装帧设计感到不满意。1912年，在蔡元培的推荐下，鲁迅担任中华民国教育部社会教育科的第一科长职位，工作内容主要包括书籍出版、博物馆展览及美术发展。在大众的认知中，鲁迅作为一名优秀的作家而被读者所钦佩，其实他也掌握了扎实的装帧理论和丰富的装帧经验，在书籍装帧领域大显身手，他的文学作品如《呐喊》《热风》等的装帧设计都是鲁迅亲自动手的。

（二）设计理念和风格

晚清时期，书籍样式仍是以线装书为主，内容也以古文为主，尤其是封建科举制度导致"八股文"盛行。五四运动时期，作为新文化运动的"呐喊者"，鲁迅顺应时代潮流，脱离原先铅字排版或者找名人题字的传统封面制作模式，成为近现代书籍装帧艺术设计先驱者，为书籍设计界首开时代新风。1909年到1919年间，以白话文为主的阅读需求剧增，新的阅读群体、阅读目标、语言、阅读方式催生新的书籍装帧风格。鲁迅对文学作品的封面设计尤为关注，其先后出版的《呐喊》《域外小说集》等作品，影响并造就了司徒乔、钱君匋、陶元庆、陈之佛等一批有独特见解的未来设计大家。

巧妙运用书法及插画符号是鲁迅书籍装帧设计的风格之一，他认为设计元素能补文字之不足。鲁迅认为要将书籍装帧设计视为一个整体，他指出，一本书籍的制作，从初期封面、书脊、插图、版式、字体、字号、纸张、开本的设计，再到最后印刷和定价，这一系列环节就应如同制作一首歌曲一样，有张有弛，各种要素要互相合拍。作为中国传统元素的书法在鲁迅的书籍封面设计中占有很大比重，从《呐喊》《热风》等著作中，可以看出鲁迅的设计理念以书法文字为主，同时配以单色的封底。这表明鲁迅在当时对现实的关切，将深厚的中国传统文化与宽阔的现代视野相结合，创造出具有中国风格且充满觉醒力量的作品。

"为了大众，明白易懂"是鲁迅采用插图设计的初心，可以看到，他的很多作品都是素封面，即除了书名和作者题签外，其他位置不着一墨。书籍设计的整体风格偏向朴素，但却可以强有力地将文学内容通过装帧设计表达出来，他常常自称为"毛边党"，热衷于用毛边装的形式，觉得"光边书像没有头发的人——和尚或尼姑"。鲁迅不仅为自己的译作挑选中意的插图，他也常常为他人的书籍介绍插图，他在见到《革命文豪高尔基》一书的出书广告后立即写信给译者邹韬奋，说道："我以为如果能有插图，就更加有趣味，我有一本《高尔基画像集》，从他壮年至老年的像都有，也有漫画。倘若用，我可以奉借制版。制定后，用的是那几张，我可以将作者姓名译出来。"[1]

审美和致用是不可分割的，设计作品要拥有自己的灵魂。鲁迅的作品流露出民族觉醒、时代呐喊和个性张扬，他所设计的封面在保证装饰性的基础上，以独特的、尖锐的风格传达着这个年代中不屈不挠的力量。他缔造了现代文学一批醒目的"门面"，即使用今天的审美眼光去审视，仍然强烈、好看、生猛，直击大众灵魂。

鲁迅在创作过程中一直秉承着"拿来主义"的理念，吸取各式各样的艺术元素，使其文学作品更加富有生命力与感染力。回顾那个时代，鲁迅思想的前瞻性、审美的世界性，仿佛告诉我们"包容与开放"从来都是大势所趋。中国的艺术设计扎根于中华民族文化，但更要融入世界现代文化的潮流当中去。在鲁迅所处的那个风云动荡的年代，外来思想涌入，中西方文化碰撞，"传承与吸纳"可精准地概括鲁迅的书籍装帧设计理念。

---

[1] 鲁迅：《鲁迅全集（第十二卷）》，人民文学出版社1981年版，第175页。

（三）代表作品赏析

《呐喊》

《呐喊》收录了1918年至1922年鲁迅所作的《狂人日记》《阿Q正传》等14篇小说，由北京新潮社1923年8月初版，其封面也是鲁迅最具影响的设计。

《呐喊》封面的装帧设计堪称经典，抛弃了传统的设计规则，在原有告知书名和保护书页功能的基础上，添加了美学功能。在《拟播布美术意见书》中，鲁迅希望："我们所要求的美术家，是能引路的先觉，不是公民团的首领。我们所要求的美术品，是表记中国民族知能最高点的标本，不是水平线以下的思想的平均分数。"①《呐喊》这幅作品便是在"无声"中回应了鲁迅的希望，体现他对"新的形""新的色"的倡导，以及对"并未梏亡中国的民族性"的坚守。除了诠释鲁迅重视整体的设计理念，还在无形之中验证了个性美和简约美也能带给读者强有力的视觉震撼。《呐喊》的封面设计融入了鲁迅文字和艺术的修养，尤其是变幻无穷的封面

---

① 鲁迅：《拟播布美术意见书》，《鲁迅全集（第八卷）》，人民文学出版社1981年版，第47页。

字体。封面画用暗红底色，书名《呐喊》和著者名"鲁迅"分上下两层，以印章形式镌刻在一个黑色长方块之中，位于封面正中上端，饰以阴刻框线，文字从右至左的排列顺序保留了古籍的形态，表明现代文学与中国传统文化之间存有某种联系。"呐喊"二字笔画左右参错，简洁有力地突出三个"口"，既是文字，又仿佛如图案一般，抽象地在"齐声呼喊"，这一设计正对应书名《呐喊》。在色彩的搭配上，暗红的底色包围着黑色的扁形方块，文字视觉伴随着强劲的冲击力，令人不禁想起《呐喊》序言中鲁迅和钱玄同所说的那个"铁屋"比喻："假如一间铁屋子，是绝无窗户而万难破毁的，里面有许多熟睡的人们，不久都要闷死了，然而是从昏睡入死灰，并不感到就死的悲哀。现在你大嚷起来，惊起了较为清醒的几个人，使这不幸的少数者来受无可挽救的临终的苦楚，你倒以为对得起他们么？"这声卖力的"呐喊"，唤醒装睡的人们涌进铁屋，与吃人的旧社会战斗。

　　2021年8月由人民文学出版社再版的《呐喊》是市场上的最新版，整体以黑色和金色为主色调：金色与黑色的沉稳正好形成互补，金色可以点亮黑色的沉寂，黑色也可以很好地强化金色的质感。而鲁迅设计的色彩选用的主色调是黑色和红色，黑红配色具有浓浓中国风韵味，红色的视觉冲击加上黑色的庄重神秘，能形成强大的视觉张力，具有唤醒民众的意义。2021年版本的字体线条硬朗，不同于鲁迅设计版本中字体的曲折圆润，书名《呐喊》的三个"口"也并未显露它的作用。

《桃色的云》

　　1923年7月新潮社初版译著《桃色的云》，收录鲁迅翻译的俄国诗人、童话作家爱罗先珂的三幕童话，被列为该社《文艺丛书》之一。

　　本书封面由鲁迅设计，封面元素吸纳古籍装帧、金石碑帖、石刻艺术等出彩之处。封面分为上部图案与下部文字，上部是用唐人线画风格绘制的人物、飞禽走兽及流云组成的带状装饰图案，古代朝霞般的红色应用在图案上，乍一看，红色的吉祥云在流动，在汹涌，充满人类文明初期那种率直且生气勃勃的幻想色彩，点明《桃色的云》本身的童话主题；下部由书名和译著者名组成，字号较大的书名在上，译著者名在下，周边留有大量空白，引人遐思。该封面整体由红、黑二色套印，不同于《呐喊》暗红色的深沉，《桃色的云》如同朝霞下的云朵一般鲜活，动静均衡，风格简洁。飞禽走兽、朝霞、祥云等古典图案画的选取和组合，与他开阔的艺术视野有关。鲁迅在《论旧形式的采用》中提到"新形式的发端，也就是旧形式的蜕变"[①]，为什么说"蜕变"而不是"摒弃"？原因在于鲁迅对传统文化的理解与传承，在于他对艺术的兼收并蓄，对传统元素的保留寄托着他发扬传统文化艺术的殷切期望。

《桃色的云》

二、钱君匋：装帧艺术的开拓者

（一）人物简介

钱君匋（1907—1998），原名玉堂，学名锦堂，祖籍浙江海宁，生于浙江桐乡屠甸镇。钱君匋是中国当代"一身精三艺，九十臻高峰"的著名篆刻画家。早在上个世纪二三十年代，钱君匋就以擅长书籍装帧艺术蜚声文坛。1927年，年仅20岁的钱君匋

---

① 鲁迅：《论旧形式的采用》，张望编：《鲁迅论美术》，人民美术出版社1982年版，第127页。

进入上海开明书店负责书刊的装帧设计工作，他也由此走上书籍装帧设计之路。20世纪50年代，钱君匋的《君匋书籍装帧艺术选》出版，这是中国第一部以书籍装帧设计为内容的画册。

钱君匋于书籍装帧造诣深厚，特别善于使用不同的图案文字，书籍装帧艺术有着深刻的思想性，能与著作本身的内容与思想紧密地联系在一起。钱君匋从事书籍封面设计近70年，参与1700余册书籍装帧，完成22000余方篆刻印作。许多著名的文学家如鲁迅、叶圣陶、巴金等人著作的封面多出自钱君匋之手，其先后为开明书店的大部分出版物、茅盾的《小说月报》、叶圣陶的《妇女杂志》、周予同的《教育杂志》等设计封面，有"钱封面"之称，被誉为"中国近现代书籍装帧设计第一人"，是近现代推动中国书籍设计进程里程碑式的存在。

《小说月报》

（二）设计理念和风格

特定的历史时期产生独具风格的设计理念，钱君匋书籍封面设计风格并非单一元素形成，而是"多种社会因素＋个人因素"的综合影响。中西碰撞与文化交融的20世纪初推动钱君匋在设计理念上呈现民族意识、民主意识和现代意识等多元思维。

钱君匋的书籍装帧艺术始于"五四运动"时期。经济繁荣的上海是当时出版业的中心地带，"五四运动"和新文化运动的兴起为众多聚集于上海的爱国知识分子开拓思维，提供了情感表达的大环境。在东西方文化的思想碰撞下，无数文艺工作者将亲身经历和现实生活融入到文学作品，抒发爱国情怀，钱君匋的作品就是其中典型代表。

在钱君匋艺术创作的不同阶段，他始终认为艺术作品应有自己的风格，尤其是书籍设计要体现出中国风格，"中国书籍装帧，和其他各门文学艺术的传统，有相应的共通关系，是属于东方式的、淡雅的、朴素的、不事豪华的、内蕴的民族风格"，钱君匋这段文字用情真意切的语言展现了他在书籍装帧设计中关于中国风格的理念，强调简洁、大方、含蓄、古典的朴素之美。

外来艺术的影响也直接作用在钱君匋的书籍装帧上。设计书籍封面时，他在掌握造型方法的基础上，从不同的艺术作品中找到灵感。在20世纪30年代，钱君匋创作了一批比较典型的封面作品，这些作品具有西方美术风格的特征，譬如未来派手法的《济南惨案》、达达主义的《欧洲大战与文学》、立体主义手法的《夜曲》和光学艺术的《六个寻找剧作家的剧中人物》，这些追随潮流的即兴之作体现了他在有限的条件下对多元艺术表现的重视和东西兼顾的视野。

书籍封面设计离不开文字、图形与色彩，而钱君匋不止在绘画上极具天赋，他还精通书法与篆刻等艺术语言。钱君匋的设计理念中的艺术呈现就离不开他自身的书法与篆刻功底，他认为把篆刻艺术中的造型语言融入书籍装帧设计中往往会产生不可思议的"物理反应"，汲取了绘画与书法艺术的营养，使其装帧作品贯通中西、融汇古今。他还对现代印刷技术十分关注，技术可谓是第一生产力，印刷技术演进不仅支撑着书籍形态的变化，也在潜移默化中影响钱君匋在书籍封面设计上呈现创意与美感。

（三）代表作品赏析

《山中杂记》

《山中杂记》

1927年1月，作家郑振铎著作《山中杂记》由开明书店出版。

钱君匋为郑振铎《山中杂记》设计的封面以连续对称图案为主要形式，封面的主要图案为两株柳树，柳树的枝条分别向左右散开，颇有律动感，同时"中间升起淡黄色的月光"又给枝条洒上无尽的诗意。观看钱君匋的设计作品是一种享受，他将书的中心内容和盘托出，杜绝浅、露、甜、媚、尖、脆，达到含蓄之意，图有尽而意无穷。

《欧洲大战与文学》

1928年，作家沈雁冰著作《欧洲大战与文学》由开明书店出版。

钱君匋设计的《欧洲大战与文学》封面是典型的欧洲风格设计作品，采用了剪贴画的表现手法，用英文报纸拼贴作为背景，使得封面有着达达主义和俄国构成主义的意味，又蕴含着简化的中国传统民间剪纸的韵味，加以各种图形错落穿插在中文与英文字母无序的排布中，可谓既时尚先锋，又具有本土化、地域化的特色，中西合璧，耐人寻味。堆满字的报纸背景上，橙黄色枪杆和藏青色图形对比强烈，用象征隐喻手法，从侧面体现书的意境，道是无关却有关，设计理念十分契合书名"大战"和"文学"。

《欧洲大战与文学》

三、陶元庆：图案装饰设计的开创者

（一）人物简介

陶元庆（1893—1929），字璇卿，绍兴会稽陶堰人。自幼喜欢画国画，擅长仕女、花卉。1913年陶元庆离家去绍兴求学；1923年上半年考入上海《时报》馆，担任美术编辑，为《小时报》设计报刊刊头图案。在此任职期间，陶元庆有幸与隔壁有正书局的老板狄楚青结识，狄楚青是康有为、梁启超的弟子，对陶元庆的艺术才能欣赏有加，遂将自己收藏的大量日本、印度的图案画，中国古代名画和陶元庆交流，在观摩学习狄楚青收藏的海外图案画后，陶元庆受益匪浅。1924年7月，陶元庆前往北京，在许钦文的帮助

下获得为鲁迅译著《苦闷的象征》做封面设计的机会，这次机遇开启了他的书籍装帧设计新历程。

陶元庆对中国传统绘画、东方图案画和西洋绘画的广泛涉猎，也为其从事书籍装帧艺术工作奠定了美学基础。陶元庆先后为鲁迅的著作《彷徨》《朝花夕拾》《出了象牙之塔》《唐宋传奇集》等绘制封面。从1924年到1929年，他与鲁迅的设计合作，可谓开启了中国近现代平面设计尤其是书籍装帧设计发展历程中最重要的5年。在中国现代书籍装帧史上，新颖的图案装饰常被作为新文艺书籍的封面，这些图案风格既具备现代性，又兼有民族色彩，极鲜明地体现了封面的装帧设计。从陶元庆的《苦闷的象征》开始，可以说是他首创了新文艺书籍的封面画。

（二）设计理念和风格

陶元庆认为封面可以只作为书籍的精美装饰，也可以将书籍内容高度概括从而成为形象，或者两者兼而有之。鲁迅曾评价陶元庆的绘画"中西艺术表现的方法结合得很自然"，中西合璧的创作风格也被陶元庆在书籍装帧设计中运用得淋漓尽致，他敢于冲破一切旧有的形式，走常人所不敢走的领域。陶元庆的创作取材表现等方法虽然来源于西方，但实际上其内容却隐约透露出一种东方的飘逸气概，独具典雅。他潜心研究中国绘画20多年，作品中融入了东方审美特质，鲁迅曾评价其作品："作者是凤擅中国画的，于是固有的东方情调，又自然而然地从作品中渗出，融成特别的丰神了，然而又并不由于故意的。"[①]

观其作品，能够发现陶元庆对中西艺术元素和风格的结合使用并不是简单的拼凑或移植，而是"在自己稳定的表现中，以新的审美意识结构去过滤与改变西方审美的心理刺激，并将其吸收到民族母体的审美心理结构中去"[②]。他用东方的简约、象征的

---

① 鲁迅：《〈陶元庆氏西洋绘画展览会目录〉序》，《鲁迅全集（第七卷）》人民文学出版社1981年版，第262页。

② 金锐、金爱民：《陶元庆书籍装帧美学特征研究》，《外语艺术教育研究》2008年第3期。

审美去拥抱现代，设计理念便是"造新"。与绘画创作的艺术一样，他的封面设计与构图十分新颖，"新的形"与"新的色"不仅能够得到充分的展现，而且凸显了时代性与民族性，具有很强的现代感。他的设计动静皆宜，把握时代的精神，表现自我的"主观和情绪"，赋予作品更多新鲜的血液。

在陶元庆的封面设计中，意大利未来主义的创作手法独具一格。意大利未来主义是用线和色彩描绘一系列重叠的形和连续的层次交错与组合，并且用一系列的波浪线和直线表现光和声音，表现在迅疾运动中的物象。陶元庆的作品《若尤其事》封面就十分动感，他抓住粗细不一、长短不一的线条表现手法，运用线条重叠的方式，增加了画面的运动感，全画面都含有舞动的情趣，使封面披上了未来主义的色彩。陶元庆还常以图案画装饰封面，凭借精湛的技艺和超凡的艺术功底，他开创了新文艺书籍装帧以图案画作封面的先河。

陶元庆的作品与其说是健重的、丰丽的，不如说是纯真的、深沉的，他用现代美术语言，抒发了现代中国人的思想、情感和心理，创造出新文学史上堪称"神品"的封面画。1927年10月，鲁迅的《朝花夕拾》封面画由陶元庆绘制。古装仕女置身于亭园草木间，图案精巧，虽类似当代简笔画，但在当时属创意之作，清新宛如一阕宋词，十分具有中国风味。相较于2019年10月由江苏凤凰文艺出版社再版的《朝花夕拾》，陶元庆设计的封面画，笔画简约但意蕴深长，画面整体干净且有趣；而2019年的版本，封面元素众多。图形上，书籍里的关键场景覆盖于整个封面上，由上至下有三个圆形，分别填有书名、书籍评价和作者话语。色彩上，黑白为底色，红色运用在书名上，书底却采用了较为突兀的棋盘格。多种元素融合在一起，占据了整个封面，留白较少，视觉上呈现一种密密麻麻的错落感。

《朝花夕拾》

（三）代表作品赏析

《苦闷的象征》

《苦闷的象征》

1924年12月新潮社初版译著《苦闷的象征》为鲁迅翻译的日本厨川白村所著文艺理论集，鲁迅翻译该书第一、二部分，后改由北新书局出版。该书是陶元庆在鲁迅好友许钦文介绍下为鲁迅翻译的作品设计的第一个封面，据说鲁迅十分满意其设计，之后陶元庆的名字更是频频出现在鲁迅的日记中，陶元庆成为鲁迅最欣赏的封面装帧设计师。

陶元庆为了使设计与书籍内容达到和谐统一，在深入了解原著内涵及作者创作意图后，通过夸张与变形的艺术手法设计出《苦闷的象征》的封面，封面上部分采用圆形构图，半裸的抽象妇人禁锢在圆形中扭曲变形，披着波浪长黑发，舌头舔舐着用脚趾夹着的尖刀的柄，鲜血仿佛在舌尖蔓延，造型夸张，画面的色彩以黑、白、灰、红对比，整体呈现出凄美又悲哀的氛围，暗合该书主旨"生命受了压抑而生的苦闷懊恼乃是文艺的根本。人们为了排除'生的苦闷懊恼'，就要运用文艺做武器进行战斗。""郁悒的线条藏着无尽的悲哀，我们看了毛管自然会竖起来"。[1]下部分由书名和译著者名构成，两行偏左，与上部分图案画相平衡。这个封面大胆地运用了图案画作为主要的设计元素，开创了书籍装帧封面设计的新手法，拓宽了封面装帧设计的空间。随后，大量的西方绘画思想和技法不断被挖掘，大胆、夸张、抽象与写实等特点仿佛融入进陶元庆的创作风格中。该书出版发行后，立即点燃文艺界的潮流。

① 钱君匋：《陶元庆论》，《一般》1929年第9卷第2号，第257—292页。

《故乡》

《故乡》，许钦文著，是由鲁迅选校并资助出版的短篇小说选集，1926年4月北新书局初版，出版后该书再版多次。

由陶元庆设计的该书封面，被誉为"大红袍"，是民国新文学最美封面之一，在新文学装帧史上被视为"里程碑式的作品"。据说该书封面的创作灵感来自陶元庆在北京天桥看戏时的感受，舞台上艺术形象独特而令人印象深刻，陶元庆便连夜构思，结合自己家乡的绍兴戏——《女吊》的意境进行创作。封面被握着剑的"女吊"所占据，黑色边框勾勒出书籍形状，去其病态的因素，悲苦、愤怒、坚强为其原有神情。蓝衫、红袍和粉底靴乃古装戏中常见之物，彼此之间构成强烈的色彩对比。握剑的姿势采自京戏武生，与"女吊"的头颅和身体相配合，塑造出融悲愤坚强和决绝于一身的形象。鲁迅对这幅作品赞赏有加，对此评价为"有力量；对照强烈，仍然调和，鲜明。握剑的姿态很醒目！"①还力主将它作为许钦文小说集《故乡》的封面画，这一设计可以说是陶元庆在表现民族性方面的成功塑造。

《故乡》

---

① 许钦文：《鲁迅和陶元庆》，《〈鲁迅日记〉中的我》，浙江人民出版社1979年版，第86页。

四、丰子恺：封面设计的童趣大师

（一）人物简介

丰子恺（1898—1975），原名丰润，号子觊，浙江省嘉兴市桐乡石门镇人，出生于诗书礼仪之家，是中国著名的散文家、画家、美术教育家，创作设计了大量具有开创性和启蒙性的现代书籍装帧作品。据不完全统计，丰子恺设计的书籍装帧作品约有300余本。丰子恺最具影响力的莫过于他独具特色的漫画创作，漫画多以毛笔勾勒出画面，寥寥几笔就展现出生动形象，被称为"中国现代漫画的开端"，是把漫画引入封面的第一人。

1920年，丰子恺与刘质平、吴梦非共同创立了上海专科师范学校，并且创办了《美育》杂志，为该刊做编辑工作。1922年至1924年，丰子恺于白马湖春晖中学任教，其间在校刊《春晖》上创作了许多装饰性的插图，也是在这段时间里，丰子恺开始摸索自己的漫画创作风格。1928年，丰子恺与杜海生、胡仲特、刘叔琴等共同发起，改组开明书店，成立股份有限公司，标志着丰子恺书籍装帧事业开始走向成熟。

（二）设计理念和风格

新文化运动时期的书籍装帧设计家，大多强调民族性与创新性，如鲁迅、钱君匋、陶元庆、司徒乔等，他们既接受过正统的中国传统教育，又受到西方思潮的影响，用文学和绘画作品向普通大众传达他们的所见所想，丰子恺也不例外，他用洒脱有趣的漫画形式，开创了书籍装帧艺术新道路。丰子恺的设计理念是随着时代因素发生转折的，前期的设计充满童趣与文艺，后期的作品大多体现为对社会的真实写照。丰子恺创作的封面作品有一定的设计元素范式，这些元素范式的形成与他丰富的人生阅历、广博的文化修养颇有联系。他运用的设计元素范式比较多样，体现出他宽泛的审美意趣和美学思想。

在丰子恺的书籍装帧作品中，关于儿童题材的设计占据相当大的比重，丰子恺很喜欢儿童，甚至可以说是儿童的崇拜者，"童心＋童趣"是丰子恺在装帧设计过程中一直坚持的理念，这也是他与其他书籍装帧艺术家不同的显著特点。他认真地洞悉儿童纯真质朴的天性，切身体会，掌握儿童心理，十分向往原始、洁净的儿童世界，他作品里大量出现稚拙的儿童元素表现范式是其心中本能的反应。丰子恺在《儿女》一文中说道："我的心为四事所占据了：天上的神明与星辰，人间的艺术与儿童。"他始终认为，艺术要向小朋友们敞开拥抱，他希望用漫画的趣味性与色彩的搭配为小朋友们搭建出"书籍乌托邦"。他的设计不在于讽刺，也不在于宣传，而在于他清新的艺术观和坦率真诚的价值观。

丰子恺的书籍装帧工具多是传统的毛笔和吃水的纸，他很少用国外的纸张。画法也是常见的传统白描，阴影、背景甚至连人物的五官都没有，完全以线条勾勒，却能形神毕肖，给人以无限遐想。书籍封面设计不等同于书籍内容，内容无法用一纸平面概括，所以简练且抓住内容亮点的符号正是书籍装帧设计所要求的。丰子恺在其文章中也曾提到："所谓不健全的美，第一是卑俗的美。例如月份牌式的绘画，以及一种油腔滑调式的音乐，其美都是不健全的。然而这种卑俗的东西，都有一种妖艳而浓烈的魅力，能吸引一般缺乏美术教养的人的心儿使之同化于其卑俗中。这实在是美术界上的危险物。"[1]可见，丰子恺对当时的艳俗风气是深恶痛疾的，艺术修养与文学修养无不暗藏在他的装帧作品中。

---

[1] 丰子恺：《丰子恺文集（艺术卷三）》，浙江文艺出版社、浙江教育出版社1990年版，第29页。

（三）代表作品赏析

《海的渴慕者》

《海的渴慕者》是1924年由上海民智书局出版的短篇小说集。著者孙俍工以笔为枪，写下了大量关于宣传抗日救亡的爱国作品，他在全国最权威的文学刊物《小说月报》上发表《海的渴慕者》这篇抗日爱国小说。

在那个时期，一些富有经验的设计师已经向整体设计迈进，不只是对封面进行关注，也强调形式与内容的和谐性，丰子恺在此方面就有过不少探索。丰子恺曾在《钱君匋装帧润例》中表达他对书刊设计形态的看法："书的装帧，于读书心情大有关系。精美的装帧，能象征书的内容，使人未开卷时先已准备读书的心情与态度，犹如歌剧开幕前的序曲；可以整顿观者的感情，使之适于剧的情调。序曲的作者、能撷取剧情的精华，使结晶于音乐中，以勾引观者。善于装帧者，亦能将书的内容精神翻译为形状与色彩，使读者发生美感，而增加读者的兴味。"[1]《海的渴慕者》是丰子恺的第一幅封面设计作品。封面底色以棕色为主，一个赤身的人坐在礁石上，面朝大海，远处海平面上正在升起一点点太阳，刺射出的光线占据了半面篇幅，极具张力。《海的渴慕者》本身描写了一个青年因为家庭、社会、爱情等束缚和不幸遭遇而悲观绝望，最终跳海自杀的故事。丰子恺采用形状和色彩来传达书籍意蕴，半圆波浪构成的大海，直线构成的太阳光线以及占据1/3版面的椭圆形礁石，以暗喻的表现手法给读者传达了书籍内容中的关键点。

① 丰子恺等：《钱君匋装帧润例》，《新女性》1928年9月号。

《小朋友》

《小朋友》是一本"百年"老杂志，创刊于1922年4月，由中华书局出版。1937年10月因战乱停刊，1945年4月《小朋友》在重庆复刊，改周刊为半月刊，后又改为月刊，1945年底随中华书局迁回上海。《小朋友》杂志迄至2021年4月，已出版2007期。

独具特色的童趣设计理念可以从《小朋友》中窥见，丰子恺以小朋友的视角为出发点，设计一系列富有童真的封面作品，以平凡的审美观感染大众。1931年，丰子恺为《小朋友》画了一组封面画，主题为儿童生活，包括《骑白鸽》《树下看书》《大伞》《月亮出来了》《划船》《写字》《两姊妹》等十三帧。这些画面大多以两个小朋友为主要人物，场景也跟随每期期刊内容不停变化，有的是描绘小朋友们的日常生活起居，也有的是孩子们梦中的美好景象，场景的熟悉性更加拉近与小读者们之间的距离。色彩选用也多为明亮的红色、绿色、蓝色与黄色，是小朋友们较为喜爱的色彩，符合小读者们的色彩喜好。1962年，作为"儿童守护者"的丰子恺曾专门为复刊后第200期杂志画了《大家读》。

《小朋友》

现如今的《小朋友》杂志，封面设计倾向于选择动物元素，从儿童心理出发，打造一个与该刊紧密结合的卡通形象，让原本平面的杂志变得更立体。大多数还是电脑绘制，虽然比丰子恺设计的封面多了滤镜和图层，但是与手绘封面相比只是冷冰冰的工艺，缺少质感和一种人情味儿。

五、司徒乔："大众主义"的设计师

（一）人物简介

司徒乔（1902—1958），原名司徒乔兴，生于广东开平县赤坎镇塘边村，擅长油画和水彩，是我国20世纪杰出的现实主义画家。

1920年，司徒乔在岭南中学就读，与冼星海同窗共读。1924年就读于燕京大学神学院，在燕京大学学习时就开始为《语丝》杂志画插图。1928年赴法国留学，师从写实主义大师比鲁。1930年赴美国，以绘壁画为主。1931年回国，任教于岭南大学。1952年，司徒乔任中央美术学院教授。他一直关注社会底层人民的苦难，并用画笔将其表现出来，为新文化的发展作了重要的贡献。

（二）设计理念和风格

20世纪上半叶，中国美术精神思想的重要关键词是爱国和救亡，正是在这种时代精神的感召下，司徒乔开启了艺术创作的现实主义之路。他的作品始终以"人民的名义"为出发点和落脚点，正如油画家艾中信在看过司徒乔的展览后曾评价的"笔尖上的正义与激情"，司徒乔在作品中描绘了苦难的社会现实，画笔对准的是底层的普通大众，那个年代底层百姓所受的苦难被司徒乔用画笔真实地描绘出来，感染力十足，虽然画面是悲苦的，但宣扬的却是正义的力量。鲁迅在《看司徒乔君的画》一文中提出，司徒乔为底层人民作画，是他绘画长征的起点，无论在什么地方，他描绘的底层人民的线条与色彩都强烈讴歌他热爱的祖国山河大地。

司徒乔认为，文艺复兴以来的写实主义传统，比之西方现代主义更有学习和借鉴的意义。20世纪前期，前辈们在缺乏范本的情况下独立摸索进行创作，不仅要担负起现实关怀和语言变革的两大重任，还要协调传统笔墨线条造型和西方素描造型两个传统。而司徒乔则希望自己的创作接近于传统绘画，所以他选择运用简洁的笔墨线条，只保留了基本的素描结构，并采用中国传统的手卷形式。他还保留了中国画画法中的虚拟空间，以及为每一个人物题字作详细说明等传统，但在当时这种风格还难以被大众所接受。《义民图》就是在这一时代背景下创作的，是司徒乔在现代中国人物画创作中难得的一次探索，不仅折射出了批判现实主义的特征，更重要的是唤起了大众的同情和关怀。

司徒乔没有接受过正规的艺术训练，绘画之路源于他对现实生活的感触和未来生活的希望，他强调情感在绘画中的作用，用真情实感还原现实社会，对日后的现实主义题材创作产生了深远影响。司徒乔终其一生保有至真至纯的创作理念，岁月和战乱没有磨灭他的人性良知和艺术热情，他将无限的真情实感融入进艺术创作中，告诫后人"真"永远比"美"在艺术中更震撼。

（三）代表作品赏析

《饥饿》

苏联作家塞门诺夫的《饥饿》在民国有两个译本，1929年生命书局出版的傅东华译本，名为《饥饿及其他》；另一个译本的译者是张采真，名为《饥饿》，1928年由北新书局出版。

张采真译本《饥饿》的封面由司徒乔设计，为道林纸印毛边本，最上角为书名和译著者名，2/3的版面被青色画像所占据。青色画像是一位在风雪中站立的俄罗斯妇女，仿佛她也在控诉十月革命后彼得格勒可怕的饥荒之灾，抽象且极具张力，极易唤起读者的联想。他一如既往地将画笔对准十月革命后社会底层人民的生活，关注现实疾苦和人间冷暖，情感表达立足于现实的人文关怀，画笔紧随人民的心声，用

《饥饿》

《饥饿及其他》

纪实的手法刻画出艺术的最强音。正如沈从文在《我所见到的司徒乔先生》中所写的那样，"给我印象最深处，是他还始终保持着原来的素朴、勤恳的工作态度。他不声不响的，十分严肃地把自己当成人民中的一员去接近群众，去描绘现实生活中被压迫的底层人物，代他们向那个旧社会提出无言的控诉。他依旧保留着他的诚实和素朴。这诚实、这素朴，却是多年来一直为我所钦佩和赞赏的。而在同时'艺术家'中，却近于稀有少见的品质。"

傅东华译本《饥饿及其他》封面较为具象，书名"饥饿"两字用红色在书面偏上的正中间标出，封面中间是一幅高举双手的赤脚男子形象，诉说着在战乱和饥荒中民众的无奈和凄凉。两本封面设计各有千秋，都是近现代书籍装帧设计佳作。

《莽原》

《莽原》起源于1925年鲁迅发起并领导的莽原社，1926年1月鲁迅在北京创月刊和半月刊，是鲁迅编辑过的刊物中最早的一种。

构图新颖大胆是司徒乔封面设计的显著特点，并且在笔法的运用上颇有毛笔速写的味道。例如他为鲁迅的《莽原》所作的封面。第一卷是圆形构图里存有一幅乱草丛生的荒原，太阳在地平线上升起，在太阳光照射的地方有一棵小树；第二卷这棵小树会发生蜕变，长成粗壮的大树，含有欣欣向荣的寓意。司徒乔的艺术作品告诉人们，真正的艺术取之于现实，也要反馈于现实，"震撼美"离不开现实生活的真实反映。"艺术源于生活，又高于生活"这个观点就是对司徒乔作品最好的诠释。

《莽原》第一卷

六、邱陵：循循善诱的装帧教育家

（一）人物简介

邱陵（1922—2008），原名邱焕宗，中国艺术设计教育事业发展的重要开拓者和奠基人之一，终其一生都在弘扬艺术设计教育理念，填补了中国当代书籍装帧艺术的理论空白。

1947年，邱陵先后在上海联营书店、北京时代出版社从事书籍装帧和美术宣传工作，后经季贺润、张静庐等先生的带领进入到出版行业，持之以恒地专注书籍装帧设计事业几十年。1957年，在刘开渠的介绍下，邱陵调入中央工艺美术学院，后与张光宇一起创建书籍装帧专业。1960年，邱陵编写《书籍装帧艺术简史》作为教学讲义，并在1984年由黑龙江人民出版社正式发行，这是新中国成立以来第一本系统的书籍装帧理论专著。

（二）设计理念和风格

邱陵追求设计语言上的创新，利用饱满丰富的色彩来分割画面，通过几何构成式的面积对比达到视觉平衡。他认为，1966年前书籍装帧设计的整体风格和元素趋于政治化并且造型雷同，甚至将色彩强硬地分成不同的"阶级性"，成为了艺术家在装帧设计上的阻碍。邱陵注重书籍装帧艺术的研究，认为书籍装帧是一种特有的艺术语言，并且对书籍艺术进行了科学的定位，强调"任何设计都离不开大自然的启示和生态环境对人的影响和教育，不论是模仿还是创造。比如金字塔好像只是建筑家的设计和创造，不是自然形；但是，三角形和它的安定感，不是完全来自于山峦的启示吗？"

邱陵倡导书籍的装帧设计要体现民族性，他将民族性与时代性相结合，力图将中国的书籍装帧艺术推向世界。在期刊《群众文化》和《民间文学》的装帧设计上，邱陵根据刊物的主题定位，既追求民族元素的融入，又注重形式的变化，运用了大量的民间传统图案，带有浓厚的民族情感。他在《书籍装帧艺术简史》一书中提到，书籍作为文化商品，需要呈现视觉推广的效果，而作为一种文化，还需要具有书卷气，以区别于其他艺术文化。

邱陵在书籍装帧教育事业上作了重要贡献，在专业课设置上，一开始就重视书籍的整体设计。他在《邱陵的装帧艺术》中就说过："本来书籍艺术的范围就其宏观来说，不仅包括书籍的各部位，还包括报纸、刊物和各种平面印刷的版面、插图等等的设计。"邱陵用理论指导实践，将书籍装帧设计知识进行系统梳理，在他的主持下，书籍装帧专业形成了一套完善且适用的教学体系，为中国出版界培养一大批理论扎实、操作能力强的专业人才。他在《书籍装帧艺术简史》中独辟蹊径地提出"书籍艺术的整体设计""装帧艺术是书籍的美学灵魂"等理论，奠定了中国当代书籍装帧艺术的基础核心理论。

（三）代表作品赏析

《高尔基作品选》

《高尔基作品选》

1956年《高尔基作品选》由中国青年出版社出版，瞿秋白等翻译。

1959年，邱陵为中国青年出版社设计《高尔基作品选》的精装本，装帧设计风格十分鲜明。封面上半部分为装饰纹样与高尔基侧面红色肖像，下半部分采用宋体横排书名等信息，选色也与高尔基肖像色相统一，整个封面只用了两套色，材料工艺上使用装帧布与丝网印刷相结合的手段，实现了凹印的独特触感。书籍内连接封面与内页处印有彩色高尔基人像，在纸张选择上区别于内页单色印刷用纸，更适用四色印刷。红色祥纹装饰画的设计，离不开邱陵总观全局的设计能力和结构严谨的绘画技巧，他追求打破常规的艺术创作，在设计中采取不同方法，当虚则虚，当实则实，以期营造结构与气氛并重的视觉感。

《海誓》

1961年李季著作《海誓》由作家出版社出版。

《海誓》

《海誓》的封面装帧设计没有采取复杂的工艺，仅使用普通的彩色印刷，其更多意义上是一幅完整的艺术作品，艺术表现形式接近于日本浮世绘的海浪图，洋为中用并契合本书中"海誓"的主题，扉页用特别的图案进行了装饰，书的封面、书脊与封底并列连接。海浪图案是邱陵借用了日本江户时代最著名的浮世绘画家葛饰北斋的作品《神奈川冲浪里》来表达书中的凄美爱情故事，直接借用《神奈川冲浪里》中"三角巨浪"图案元素，也起到了地域性的提示作用。大海的绘制使用了三种蓝色，远处深不见底的深海蓝、近处随波随流的浅海蓝及坐在礁石上半赤身之人眼前所看到的海浪淡蓝色。书名"海誓"被黄色底框包围，蓝色与黄色仿佛夜空与星星一样适配，可以理解为对书籍内容浓缩的视觉表现。海浪图案的装饰画是邱陵离不开大自然的设计观念的体现。他认为，装饰画的夸张变形和色彩的选用标准，不仅要着重其艺术性、造型美和形式美，还要留意与环境的色彩构成和谐的整体。色彩不仅要求与环境统一，也要有抽象的情调，在没有形象时也要给读者不同的感受。

七、郭天民：妙用文字的创意大师

（一）人物简介

郭天民（1940—2015），笔名戈巴，是20世纪90年代湖南出版湘军代表人物之一。郭天民是一位优秀的书刊编辑者，也是一名出色的书刊装帧设计家，被誉为"长沙出版四骑士"。

1981年，郭天民才开始从事书籍装帧设计工作。1982年，书籍装帧作品《蒋子龙中篇小说集》参加了捷克国际装帧艺术展览，此后他的书籍设计作品影响着众多书籍装帧艺术家。1991年至1993年，郭天民主持完成编写了《九年义务教育中小学美术教材》，该套教材被国家教委评为一级一类教材，列为全国用书。2003年，他不遗余力地为《普通高中美术实验教科书》的封面、版式设计与编写提供了自己的设计方案与建议。

（二）设计理念和风格

郭天民的设计风格一贯以大气、凝重、简练为主，他非常讲究字体在封面设计中的使用，将字体形式的采用、字体颜色的搭配、字号间距的组合及点与线之间的排列，巧妙地运用和体现在设计过程中。郭天民崇尚"字本位"，即是将文字置于封面的视觉中心，并且字体变化不明显，统一采用宋体、黑体、书法体的样式，绝不杂用其他字体。如由他主持编写、设计的2001版《九年义务教育中小学美术教材》一书，封面装帧设计上采用的字体只有黑体，仅将文字的粗细、大小、疏密进行适当变化，显得严谨规范、醒目且有现代感。在郭天民的另一件作品《王憨山》的封面设计中，则遵循况周颐论词"重、拙、大"的审美法度，用足黑色作为底色，同时又配以较为古朴的泥黄色，彰显了朴实无华的神韵，而更为妙的是书籍的字体，显得苍劲有力，占据了封面的正中央，"二分写字，二分画画"，两者搭配得当，相得益彰，突出了王憨山艺术创作的主要特色。

郭天民在设计上遵循"单纯而厚重"的审美观念，讲究和谐统一，强调要传达书籍的"书卷气"。拥有深厚油画功底的郭天民，注重书籍装帧设计过程中的底色选择，他视底色为"书的灵魂"，黑色、白色、橙色、蓝色与褐色运用得最多，其中黑色是他的偏爱，他善用黑色设计带动读者情感，低明度的颜色体现年代感和高端感，尤其是历史读物，黑色封面更加深沉和厚重。同时在他的设计作品中，还有一个特点就是留白，封面设计选用的颜色大多控制在4种以内，这样不花哨的色彩搭配避免了喧宾夺主的尴尬。譬如黑白画面可以去掉冗余信息干扰，让读者的注意力聚焦到画面内容本身，自动脑补画面背后的故事。

郭天民还注重图书的整体展示效果，他将书籍装帧设计比喻成装修房子，图书就像是一个盛装知识的六面形容器的立方体，如同一间房子，是一个整体，而这个整体亦是书籍装帧设计的主体，外墙与室内设计就如同封面和版式设计，两者相辅才能展现出书的品位和格调。他曾指出，过去的书籍装帧设计往往只重视封面设计，但书的主体设计之内文设计也不应被设计者忽略。

（三）代表作品赏析

《齐白石全集》

为了全身心投入主编国家"九五"图书工程《齐白石全集》，郭天民主动辞去了副社长职务，克服种种难以想象的困难，耗费6年换来了煌煌10卷《齐白石全集》。该书以严谨的真伪鉴定和断代分期，严谨详细地记载每件作品资料，全面、准确地反映了齐白石的艺术道路和艺术成就，被学术界公认为湖南书籍设计的经典之作。

《齐白石全集》整体设计体现了郭天民对黑色的偏爱，以齐白石肖像作为主体的黑色封面映衬着齐白石的沉稳，凸显了深沉与安静，庄重与朴实。全书的封套、护封是在不同材质的黑色基调上使用了相同的齐白石肖像、签名、印章，10卷书籍上是不同

《齐白石全集》

时期齐白石的白文方印，加上哑黑烫印、UV印刷，整体表现出体量感与厚重感。郭天民认为小面积的橙色有提亮效果，在大面积黑色中加入少量橙色点缀，可冲淡黑色带来的压抑之感，每卷的书脊与封底上橙色的齐白石白文方印起到画龙点睛的作用。《齐白石全集》凝聚了郭天民的艺术个性和文化修养，他的设计一贯以大气和凝重见长，直抒胸臆与毫不含糊的风格形成了强烈的艺术感染力。

《春华秋实：1949—2009新中国版画集》

《春华秋实：1949—2009新中国版画集》由李小山和邹跃进所著，2009年9月由湖南美术出版社出版。这套书获得"第二届中国出版政府奖""第三届中华优秀出版物奖"等奖项。

郭天民为该书上下两册一同设计：采用大圆角的米色函套以便于抽取，黑体的"新中国版画集"6个字尤为突出，严谨的字号字体版式具有秩序感，为避免刻板，整体点、线、面的设置既富于变化，又高度统一。红色为书籍封面主调，书脊处的黑白文字烫印工艺表达得简洁有力。简到不能再简的红、黑、白3个颜色勾勒出一幅极具美感的设计作品。红黑之间动静皆宜，彰显出字体的非凡之势与红色思想的底蕴，主旋律、经典性和现代感展现得淋漓尽致。

《春华秋实：1949—2009新中国版画集》

第二节

创意新潮与传承——当代装帧设计大家

在信息化和数字化的时代，文字、图片、音像等符号充当了文化传播过程中的重要角色，文化传播交流的呈现形式也比以往更加多样化。因此，书籍的装帧设计要打破以往仅以简单的"书面打扮"为目的的设计局限，更应强调将书籍装帧作为一个整体进行设计。从过去手绘的感性创意，到新时代的感性创意与理性逻辑兼具，现代化的书籍装帧设计更符合年轻一代的个性化审美，愈加趋向整体化、互动化和数字化发展。

一、曹辛之：将诗人气质渗透进作品

（一）人物简介

曹辛之（1917—1995），江苏宜兴人，曾任生活·读书·新知三联书店管理处美编室主任、人民美术出版社编审和中国装帧艺术研究会会长。他设计的三联书店店徽和出版标记，成为读书人的记忆图腾。

曹辛之年轻时爱写诗与作画，是著名的九叶派成员之一，深厚的诗歌底蕴和夯实的绘画基础为他的书籍装帧事业提供了先天优势。1940年，曹辛之在重庆生活书店的《全民抗战》周刊担任编辑，正式投身革命的文化出版事业。1959年，曹辛之装帧设计的《印度尼西亚共和国总统苏加诺工学士、博士藏画集》在德国莱比锡国际书籍展览会获得装帧设计金奖。1985年，曹辛之被选举担任中国出版工作者协会装帧艺术研究会首任会长。1993年，他荣获中国出版界的最高荣誉——第三届韬奋出版奖。

（二）设计理念和风格

曹辛之是新中国成立后第一代书籍装帧艺术家之一，在装帧设计领域有着独特的见解。他认为读书是一种人们在恬淡、平静的情绪之中的思维活动，设计者在封面上设置的色调、图案、字体要和这种氛围相协调，好的书籍装帧不但应考虑封面，还要考虑到环衬、扉页、插图以至每一个版面，设计是一个整体，要寄作者之情、传书稿之神，要引人联想，力避一览无余。

不同于东西兼顾的设计思想，曹辛之试图在传统书籍装帧艺术内部开拓一条通往现代之路。他不刻意地在设计创新上下功夫，而是有意识地吸收中国传统书籍装帧艺术中的精华。中国传统线装书封面讲究书名字体和书法质量，而曹辛之设计的很多封面就是以汉字为主体，或书法、或篆刻、或手写美术字，充满着典型的装饰美和浓郁的文化气息。

封面设计与书籍的主题思想息息相关，曹辛之书籍装帧设计也分文学作品封面设计和画册封面设计。很多人曾评价他关于文学作品封面设计的装帧风格有浓郁的书卷气和装饰美感，不喜欢把过于写实的图像引进设计作品中，藏有一种内在美。其实这种设计与格调还是得益于他骨子里的诗人气质，曹辛之把他对于诗歌的理解与创作心得融入装帧设计中，当然也蕴含着他本身的人生阅历和文化涵养；与文学作品的封面设计相比较，曹辛之的杂志期刊、画册设计除注重特有的书卷气之外，还着眼于内容与形式相统一，也就是封面与内页、设计理念与内容主题的一致性。譬如其画册《诗人画册》《石头记人物画》《河山如画图》封面，期刊《书法丛刊》《诗刊》《环球》封面等都体现此特色。

量体裁衣的设计思想可谓是曹辛之进行设计创作时的灵魂，他始终持有一颗热忱且严谨的心，讲求精细和精致。如果将书籍比作模特，曹辛之就是为其制作秀场服装的裁缝和设计师，没有设计师的设计图，没有裁缝的量身打造，模特的光彩也就无法展现出来。

（三）代表作品赏析

《寥寥集》

《寥寥集》是沈钧儒唯一一本诗集，于1938年6月由生活书店出版，那时武汉还未陷落，沈钧儒等七君子也刚从狱中释放不到一年，他们的名字在社会上很有影响力，故而初版本很快销售一空。

《寥寥集》的封面由曹辛之完成设计，一本书开本不大，仅有32开。这幅作品着墨不多，色调淡雅，却给人一种屋宇轩敞，眼前一亮的感觉。书名"寥寥集"三字脱胎于宋体，书名和作者署名按照传统格局竖排，一丛米色的墨兰，姿态优美，如吐清香，隐约衬托着画面。整体作品在色调的搭配上也颇有讲究，文字颜色选用朴素而古典的姜黄色，花蕊兰叶舒展于大半幅画面，却十分谦逊地向后退隐。最令人为之鼓掌的设计点还是封面所蕴含的艺术思想：兰花是我国民众所珍爱的花卉，是花中"四君子"之一，而当年沈钧儒作为爱国民主战士和国民党反动派进行斗

《寥寥集》

争，连同邹韬奋、李公朴等6位战友，有"七君子"之美誉，用兰花衬托，寓有深意；书籍的整体设计又处处从素雅显豁着眼，透露出书卷气息，让人自然而然地联想到诗人高风亮节的美好品质。

《茅盾全集（第1卷）》小说一集

《茅盾全集》

茅盾去世后，为了更好继承和弘扬茅盾的文化遗产，中央决定编辑《茅盾全集》，并成立以周扬为主任委员的《茅盾全集》编辑委员会。1983年4月，《茅盾全集》编辑委员会在京召开第一次编委会议，决定聘请曹辛之为《茅盾全集》的艺术顾问。从此曹辛之开始酝酿《茅盾全集》的装帧设计事宜。1984年第一批1至7卷《茅盾全集》由人民文学出版社出版，曹辛之为全集所做的装帧设计正式与读者见面，赢得了广泛赞誉。

翻译家方平在《如饮芳茗 余香满口——谈曹辛之的装帧艺术》一文中说："他（曹辛之）作为一个有修养、自觉地追求艺术风格的美术家，首先要求作品耐看、有回味，有一种书卷气。这就是说，要有内在的美，不能过于浅露，一览无余。正因为这样，他不太喜欢把过于写实的画像引进他的画面；画面的表述多了，含蓄就少了，韵味就淡薄了。"《茅盾全集》的设计便诠释了他对书卷气息的艺术追求。大32开本的精装《茅盾全集》封面使用了颜色明快的黄色绢丝纺，上烫朱红色"茅盾"二字篆书阳文印章，充满金石气的印章是曹辛之亲自为全集篆刻的。书脊被色彩划分成两部分，有一条印上烫金书名的长方朱红色块的上部分尤为醒目，书名"茅盾全集"为曹辛之亲自书写的行书体，字体端庄稳重，清秀挺拔，含蓄的花纹洋溢着浓郁的文学气息。护封则选用满版的浅灰色，上印银灰色的茅盾代表作《子夜》手迹，右上方是"茅盾"的朱红印章，柔和文静，格调高致。

二、张守义：用没有脸部表情的创作给人无限遐想

（一）人物简介

张守义（1930—2008），出生
于河北平泉县，1956年转行到人民
文学出版社担任书籍设计师，1962
年在中央工艺美术学院装潢系书籍
装帧研究班学习。他曾在人民出版
社担任编辑室主任和编审，以及中
国美术家协会插图和书籍装帧艺术
的委员会主任，被人们尊称"中国
第一封面"。

张守义一生创作了大量优秀
的装帧设计和插图作品，特别在汉
译世界文学名著的插图方面独树一帜，其作品简约传神、个性鲜
明，是一位不可多得的装帧插图艺术家。

（二）设计理念和风格

在设计初期，可以看到张守义部分封面和插图设计总体上是
偏于写实的，比较拘泥于程式化，尽管中规中矩，不失严肃庄
重，但明显缺乏创新。这种固化的设计理念也与20世纪50年代整
个文艺界的社会氛围背景有关。装帧界存在一些不成文的规定，
如亚非拉文学作品的封面与插图设计主要是套色版画构图，欧美
文学作品的封面与插图设计主要衬以框式纹样等。因此，纵使在
设计构思中有创新之意，在实际工作中也很难付诸实施。

张守义创作的黄金期基本集中在新中国成立到改革开放初
期，这也正是中国书籍装帧事业渐趋成熟的阶段。张守义的设计
风格独特，设计的封面大多素净淡雅，擅长以简洁娴熟的黑白画
来达到他特有的动感传情。大部分画家的写实写意插图都注重于
对人物面容的刻画，但张守义的黑白画写意作品则反其道而行，
不仅大多没有脸，而且以背影和侧面居多。曾有人将张守义称为

"不要脸画家""背面人画家"。对这一谑称，他这样解释：插图载体的面积很小，要利用有限的空间展现插图独特的表现力，插图中脸经常是占杏仁、瓜子、米粒大小的面积，要用嘴角画出感情来，那是极其困难的。为此，张守义摸索出来的独特经验是，人的内心活动往往是反映在外部可感知的动态中。在研究心理活动带来的行为上的变化后，张守义认为应少用人的面部五官传情，多用人的动感传情。张守义是用大笔画小插图的人，通过不断辩证"大"与"小"的关系，寻求插图中"小"的感觉。这种设计理念可谓开拓了新型表现领域，利于取得意想不到的艺术效果。

（三）代表作品赏析

《巴黎圣母院》

人民文学出版社1982年版《巴黎圣母院》中的插图由著名画家张守义创作。

插图风格以他最擅长的黑白画为基调，简约绘画与贴切装饰相融合。插图夸张变形，但是分寸得当，无怪诞杂乱之弊。他贯彻"除了五官以外，人的身体同样可以表达丰富的感情"的设计理念，块状图案和线条的合理运用勾勒出"没有脸"的人物形象，搭建具有民族情调的场景。相较于其他《巴黎圣母院》译本的插图风格，张守义的创作更为抽象，读者总会从插画中的人物表情去解读故事情感和作者意图，所以没有人物表情的创作可以留给读者无限遐想，让读者从人物姿势和场景搭配中体会主人公性格与故事情节。这也可以说明，张守义并非一味固守传统，亦步亦趋，而是在长期的书籍装帧实践中，逐渐形成了自己独有的创作理念。

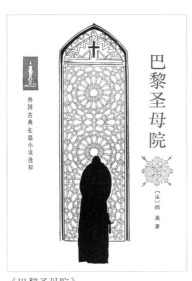

《巴黎圣母院》

《望夫》

不同民族的文化有很大的差异，从生活习惯、行为举止等，都能反映出来。张守义非常强调研读原文和深究文字背后的东西，他所传达出的视觉信息足以补其文之不足。在《望乡》一书中，他设计的"阿崎"是通过背影表现的人物形象，笔画极其简洁，没有直接地表现阿崎是南洋姐的身份，而是强调人物内心的纯洁性，这也正是全书的内质。整个画面以白色和灰色为主调，阿崎背身笔直地立于画面中，这个站立姿势是他通过长期细致观察修女的动态而得到的，他以逆向思维的表达方式塑造了一个真实的人物，让读者们能透过现象看到本质。

三、陆智昌：让读者听到封面下的喧嚣与沉吟

（一）人物简介

陆智昌（1962—　），出生于中国香港。1988年以优异的成绩毕业于香港理工大学平面设计专业。曾在香港从事书籍装帧设计工作10余年，其间两年游学于巴黎，并在巴黎17号版画室学习版画。2000年迄今居于北京，从事装帧设计、出版策划等工作。陆智昌参与设计的书籍获奖达40余项；2004年获第六届全国书籍装帧设计金奖、"中国最美的书"称号。

陆智昌的书籍装帧设计作品对于出版业来说，有着跨时代的意义。陆智昌的设计作品"颇具淑女风范"，给人一种清秀、安静的意境。陆智昌设计过的书籍包括《我们仨》《洛丽塔》《安徒生剪影》《作文本》，以及米兰·昆德拉作品系列、上海译文出版社的杜拉斯作品系列、奥尔罕·帕慕克作品系列等。其中，装帧作品《雷锋（1940—1962）》在出版后引起了社会的较大反响。2012年，陆智昌加入AGI国际平面设计师联盟。

（二）设计理念和风格

在书籍装帧设计业内有一种说法叫"3秒钟定律"，即一本书是被买还是被弃的命运，是由书的包装能否在3秒钟内抓人眼球来决定的。但陆智昌说，他从不为这3秒钟工作。他一贯坚持的理念，就是在做每本书前，一定要先读懂、读透这本书。曾经陆智昌以为用心去做出的设计就是好的设计，但在后来，陆智昌悟出其实漂亮的设计是很容易达成的，但如何用心去设计却是很难的。陆智昌对书，是有敬畏感的。他自己最喜欢鲁迅装帧设计的书，因为他相信鲁迅的"出版能救国"的设计理念。对陆智昌来说，在书籍装帧设计上所用的情感是重于技巧的。他希望每一本书都能给读者带来亲切感，让读者听得到那封面下面的喧嚣和沉吟。有读者曾评价：打开陆智昌设计的书，就能安安静静地进入文字，没有杂音，没有干扰，这实在是读书人的幸事。

纵观陆智昌的书籍装帧作品，可以总结出其设计风格：简洁，偏爱白色，有脱离喧嚣红尘的出世之感，有着自己独特且明显的风格。陆智昌认为，风格的统一是贯彻他对设计的理解：一本书最重要的还是它的内容。设计师首先要弄清楚自己担当的角色——要把内容如水般清澈地展现出来。设计的意义不是用来炫耀设计者有多大的聪明才智，而是围绕着内容主题，做恰如其分的事情。对于他人设计的作品，陆智昌不带复杂的眼光去看待，他更愿意以直观的视角去看待，看到什么，就是什么。从陆智昌设计出来的作品便可以明显感受到，模样简洁、明快的特点能够快速将陆智昌的作品在其他作品当中区分开来。李一凡曾经说过，陆智昌的书籍装帧设计的出现和流行标志着近10年国内书籍设计风格从最初的"熊猫抱竹""椰林风光""美女明星"的阶段进入崇尚创意的时代。

（三）代表作品赏析

《我们仨》

《我们仨》的作者是杨绛，由三联书店首次出版于2003年7月。

陆智昌在做《我们仨》的书籍装帧之前，不仅较为全面细致地解读了书的内容，还主动去和作者交谈，以达到更深入的理解。《我们仨》这本书的封面是围绕一个虚构的故事情节去设计的。本书描述了杨绛、钱钟书同其女儿钱瑗一生的羁绊，没有浓墨重彩的爱恨情仇，只有娓娓道来的青葱岁月。克制的悲悯、保守的喜悦伴随着粗茶淡饭展现出中国式的家庭模式。为了设计《我们仨》的书籍封面，陆智昌特意去杨绛老人三里河的家中拜访，作者的家十分朴素，当时冬天的太阳透过云彩暖暖地洒在摇椅上，老人与陆智昌亲切地说着往事。在有了以上了解后，陆智昌在做书时特意选用了皱巴巴的竖条布纹纸，与秋草般有怀旧感的绛黄色相搭配，封面上写有3个人的乳名，似乎3个人正团坐在一起，这样的封面设计温暖得让人流泪。

简单的几个元素，落落大方，令整个封面的设计素雅古朴，体现出作者一家人朴素无华的生活，平淡中又透露出淡淡的忧伤。封面的图案设计毫不喧宾夺主，突出本书"仨"所展现出来的主体，设计师的巧思可见一斑。

《我们仨》

《洛丽塔》

《洛丽塔》是俄裔美国作家弗拉基米尔·纳博科夫创作的小说，由主万翻译，上海译文出版社出版于2005年12月。

每做一本书，陆智昌几乎都要在颜色选择上折腾一回。《洛丽塔》这本书封面装帧的最大亮点就是在于它的颜色，陆智昌保持了他一贯的简约风格作风，用大片的颜色凸显出本书内容美好而又罪恶的特点。《洛丽塔》封面用了比较亮眼的柠檬黄，带有微微的青色，正如

《洛丽塔》

全书的基调，让人感觉明亮中透露出一丝生机，是犹如12岁孩子般稚嫩的颜色。封面的正中心插入了橘黄色的汽水瓶和白色小雏菊的剪影，活泼而又充满朝气。《洛丽塔》的设计方案其实很早就定出来了，但陆智昌却花了整整两个月做了很多的色彩搭配组合，才挑出这种嫩黄嫩绿的颜色。有40多岁的读者对此封面评论道"这颜色有点意淫"，而陆智昌回答："是的，因为你看到了自己的内心。这正是文章要表达的颜色。"《洛丽塔》是陆智昌在设计完《百年孤独》后的又一力作，他独特的装帧设计风格甚至带来粉丝效应，许多读者因《洛丽塔》简约清新的封面装帧风格认识他，而后追随他，评价陆智昌是"那个让我们因为一本书的封面而掏出钱包的人"。但陆智昌并不喜欢自己被这样对待，他更希望大家能够把关注点放在书内容的本身，以及封面中所深含的意义跟书籍内容相关的联系。

四、朱赢椿：慢节奏与互动感

（一）人物简介

朱赢椿（1970— ），江苏淮安人，是我国著名书籍设计师，1995年毕业于南京师范大学，2004年开始自主策划选题和创作图书，现任南京师范大学书文化研究中心主任、江苏省版协书籍装帧艺术委员会主任。2007年，朱赢椿策划并设计的图书《不裁》被评为"世界最美图书"铜奖；2008年，《蚁呓》被评为"世界最美的书"特别制作奖；2010年，朱赢椿租下母校南京师范大学校园里一座废弃的印刷厂，改造成自己的工作室，起名"随园书坊"；2017年，《虫子书》获得"世界最美的书"银奖。

（二）设计理念和风格

朱赢椿的设计理念可概括为"好玩""慢节奏"和"互动感"。

2011年，朱赢椿的诗集《设计诗》出版，朱赢椿视其为"好玩"而主动迈出的第一步。朱赢椿用设计的手法创作和表达诗歌，在画面上呈现出诗意感觉，力图在设计的克制和约束管道中实现理想创意。《虫子旁》和《虫子书》的出版也是朱赢椿将"好玩"贯彻到底的书籍创作，内容全是关于虫子的生活痕迹，并不只是单纯的百科全书。他对虫子是很有感情的，这个感情来自于童年，童年没有东西陪伴，没有玩具，没有书，最多的就是在农村的田野里和虫子相伴，它们是他的伙伴，他也从来没有把虫子当成一个弱小的东西一脚踩死，这种感情一直驻扎在他的童年里。"虫子世界"的精彩是朱赢椿自己可以窥见的秘密，他将这个秘密转化为书籍面向大众，让更多读者了解关于虫子和生态环境的知识，从室内向室外迈出一步便是他做设计的真正目的。

作为设计师的朱赢椿有时候会让人觉得像一个归隐山林的道士，大部分时间他都在看书、喝茶、发呆、观察小动物，工作的时间其实并不多。他认为生活应该慢一些，曾说："做设计、做创意，是要把自己的情感投入进去的。处于一直高节奏的状态下，太浪费生命。为什么要把自己搞得这么焦虑、着急？我想过另外一种生活。"在他的工作室旁竖了一个写着"慢"的牌子。仅仅从设计师的灵感角度来说，也应该如此，所谓"慢工出细活"，心慢下来，思考问题才会更加周全，设计的质量才有回旋的余地和保证。

符号互动理论指出，人类通过互动来完成从自然人到社会人的转化。[①]社会人有两层意义，一是拥有社会文化、社会生活，并能履行一定社会角色的人；另一个是在社会环境中通过与他人的互动、接触，逐渐认识自我，并拥有健康人格的人。人们需要

---

① 符号互动理论，又称象征相互作用论或符号互动主义。作为一种关注个体行为的社会理论产生于 20 世纪 30 年代。

借助符号来完成这样的社会化过程，符号是精神信息的载体，它可以是语言、图形、文字，也可以是数字编码、影像等。在朱赢椿的书籍设计中，不仅有图形、图像、文字，还加入了行为与动作来丰富符号载体，他将书籍所传达的意义空间尽可能地拓展开来，借助书籍的形态展现意义符号，留出读者参与的空间。他的作品多以简约留白的版面形象为设计点，选用的材质经过特殊工艺也呈现出新颖独特的视觉效果，达到一种言有尽而意无穷的意境。书籍内页的留白视为读者与书籍进行"互动"的秘密地带，读者可以在留白处写一些感悟，选用一些自己喜爱的贴纸，将公共书籍转变为专属自己的手账本。①

（三）代表作品赏析

《不裁》

《不裁》

《不裁》多是作者古十九曾在报刊上发表过的关于生活的轻快评议，2006年10月由江苏文艺出版社出版。

"设计上采用毛边纸，边缘保留纸的原始质感，没有裁切过。封面上特别采用缝纫机缝纫的效果，两条细细的平行红线穿过封面，书脊和封底连成一体。材质极普通，形式与内容融为一体。"这是2006年度"中国最美的书"评委会给《不裁》的评语。"无为有时有还无"的设计，让读者感到这不仅是书，更是精神驿站。书的前环衬中配有一把裁书的刀，读者边看边裁，期待与喜悦感同时藏匿于其中，"裁"的过程便是读者与作者互动的过程，这种阅读模式带来的"延时满足"比阅读电子书时的"即时满足"多了一些趣味性和惊喜感。毛边本的成品尺寸稍大，裁开毛边本，会发现版面外留

---

① 王轩：《从朱赢椿"世界最美的书"谈书籍设计中的互动理念》，《中国出版》2010年第10期。

有很多空白，这是一片可呼吸的阅读空间和创作空间。

"裁"开后，呈现在读者眼前是古十九填的词，其中的配图和摄影共10页，独立分插于书中。读者可揭开一读，也可撕下贴在墙上。书签上的图案由古十九手绘，扉页有藏书票两张，也是用古十九画的插图来设计的。封面用灰色纸印着书名"不裁"二字，封面书名上用缝纫机自由随意走上一道线，每一本都不一样，体现手工意味和"不裁"之意，便于读者在书店识别。

《虫子书》

《虫子书》是朱赢椿继《虫子旁》之后，"虫子系列"的又一佳作，2015年10月由广西师范大学出版。

《虫子书》耗时5年，修改了19次才定稿，是真正的"慢设计"图书。全书没有一个文字，都是虫子沾上深色果蔬汁仿制的"墨水"之后留下的爬行痕迹及叶片上的啃咬痕迹，它是一部完全由虫子自己创作的作品。这本书的创作灵感来源于：有一天朱赢椿看着窗户，窗户正好有很多缝隙，他就想，有虫子会躲在里面，应该做一本让读者在封面上看不到虫子，但有天一不小心看到书中还会藏着虫子的书，那肯定十分有意思，他这么想着也就这么做了。

《虫子书》

封面底色选用棕色，就像虫子生存的泥土一般，虫子的"家"在泥土里，也在书籍中。图书腰封向来被视为书的行销要素之一，但深知这一要点的朱赢椿却在《虫子书》的腰封上写了这么一句"本书是虫子们的自然创作，无一汉字，请谨慎购买"，用黑体加粗的同时还用长方形黑色边框圈起来，这无异于自毁销路。尽管如此，朱赢椿表示他早有思想准备，他要走一条极端的书籍装帧设计路，冒一个设计家们从未冒过的险。

五、王志弘：反视觉、无序中有序

（一）人物简介

王志弘（1975— ），生于中国台北，2000年开始以个人工作室承接设计案至今，以平面设计为主，领域涵盖各类书籍、电影及媒体活动宣传物。2008年到2012年，他先后与出版社合作设立Insight、Source书系，以设计、艺术为主题，设计的作品包括荒木经惟、大竹慎郎、横尾忠典等国际知名艺术家的翻译书籍及其作品。他手中的书籍，既是设计作品，也是一件艺术品，被列入设计行业的推荐书单。

（二）设计理念和风格

字形设计是王志弘作品中不可缺少的主要元素，"无序"是他的排版法则，将东方禅意与西方现代手法相融合，形成自己独树一帜的风格。他将文字与图像巧妙地编排在一起，不只是单纯的图文堆积。不按照排版法则排列是他的风格，封面设计中的元素通过交叉、覆盖以表现视觉冲突。通过字体和字号的设计实现了信息分层，无论封面内容再怎么繁杂，他仍然能让封面传达出秩序感，他本人将其描述为"信息隐藏"。

王志弘的书籍设计风格既有日本书籍设计的特点，又受欧美文化的影响，风格上既有东方文化的简约，又有西方图形设计的实验感。他的作品鲜见各种眼花缭乱的工艺结构和夸张的特种纸张，更多的是巧妙地选择纸材，运用简单的工艺，以图形的方式和点状化的排版，营造出赏心悦目的观感和令人欣喜的触感，因此受到众多出版社追捧。同时，王志弘作品的色彩搭配充满大胆与新颖，他总能运用色彩将一本书的封面从平面变为立体，仿佛书籍的生命力被他掌控。

（三）代表作品赏析

《不如去流浪》

《不如去流浪》2006年由自转星球出版社出版，赖香吟、罗智成编著。

此书是纪念自转星球出版社两周年的作品。自转星球出版社社长黄俊隆充分尊重设计师王志弘，两人在相互探讨和配合下共同完成此书的装帧设计。这本书以最真实的纸质包装为概念，全书只有0.6千克，包装感的封面如同快递包裹一般，让读者拆封前不由得对其开始猜测，充满惊喜与神秘，趣味感十分贴合内容主旨。

《不如去流浪》

《直到路的尽头》

《直到路的尽头》

《直到路的尽头》由木马文化事业有限公司2010年出版，作者是张子午。

该书作者一个人骑着自行车，从西安出发横穿欧亚大陆，骑向陆地的尽头葡萄牙罗卡角，通过这样的旅行去思考生命的意义。王志弘将作者旅行时的笔记、票据、友人们的信件等所有旅行时所留下的东西整合在一起，设计成一本由众多真实物品所构成的作品，让读者在阅读时有身临其境般的感觉，一起去体验作者的经历，欣赏他所路过的沿途风景。

中国书籍设计艺术
ZHONGGUO SHUJI SHEJI YISHU

新"篇"

书籍装帧艺术的未来之路

第七章

贸易的自由化和以互联网的发展为基础的信念现代化，使全球化已成为一种不可抗拒的历史大趋势。对于书籍装帧艺术而言，全球化带来的影响不仅仅发生在科技革命下印刷技术和工艺的演变进程中，也以令人难以觉察的方式重塑人的世界观、人生观和价值观。当代著名社会-文化人类学家阿帕杜莱在《全球化》中提出全球文化景观论，以一种全新的视角来研究文化全球化问题。全球化的流动性体现的景观包括"媒体景观"（即"由报纸、杂志等载体所产生和传播"）和"意识形态景观"（与官方的意识形态或一致或不同的意识形态）。书籍装帧设计可被视为是"由不同意识形态构成，以媒介为传播载体，面向世界大众的艺术容器"。

伴随着科技的扩展和思想文化碰撞的加剧，人们迎来了视角多元化时代，读者的阅读审美和阅读需求也在发生改变：线性与非线性思维、朦胧与真实性情感、隐喻与直观性表达，以往的书籍装帧设计正逐步发生变化，"去区隔化"成为重塑书籍装帧艺术的关键词。这意味着，出版人和书籍设计师必须关注世界未来的发展趋势和读者的观念之变，从人类命运共同体、科技发展多元化、个性需求多样化和审美多元化等视角来思考和研究书籍装帧大方向，探索未来时代的书籍形态设计的创新之路。

第一节

时代与趋势

　　"世界潮流，浩浩荡荡；顺我者昌，逆我者亡。"书籍所呈现的装帧状态是出版媒介的载体，与其他媒体载体一样，顺时代而生，逆时代而衰，它的发展必然受到互联网的影响。这种影响既有技术发展的冲击，也有互联网时代观念转换的影响。阅读方式、载体、习惯以及途径的改变，进一步驱动书籍装帧既要关注受众需求，也要在实用性与艺术性之间找到平衡点。

一、书籍装帧的时代潮流

（一）互联网：书籍装帧的双重影响

　　媒介就是人类所依赖的信息传递与沟通的媒介。媒介的特征建构着人与人之间的交往互动方式以及社会生活形态，而人类社会形态及特征又会进而影响到人对媒介的要求及选择。互联网的诞生最早可以追溯到20世纪60年代后期到70年代初期，它用一种特定的形式相连接，形成一个逻辑性完整的国际网络，然后在这个基础上发展出一个可以完全覆盖全世界的，可以相互链接在一起的网络。互联网技术诞生后，各种依附媒介层出不穷，媒介作为人类的一种延伸手段，正在通过不断更新的科学技术以我们难以想象的方法和速度影响着我们的现实生活。在注意力资源分配有限的前提条件下，媒介载体多元化在给人类带来无限便利的同时，也大大挤压了传统媒介的生存空间。传统出版物感到危机四伏的根本原因在于创新的速度赶不上技术的更迭速度。

互联网技术将读者的认知界限打破，使读者发展成为一个具有双重属性的群体：生产者与消费者，读者不仅接收信息，也同时化身为生产者参与到内容生产过程中。在数字化网络里，读者和作者拥有了平等对话的权利，这种身份的转变得益于互联网提供的低门槛、自由的话语权及移动技术带来的便利性。"大数据时代的特点使人们充分地拥有选择权，大众成为网络生活的主宰，他们可以以任何意义上的艺术形式及手段自由参与，评判标准已被点击率所替代。在这样的背景中，传统书籍装帧的形式和标准正在与我们渐行渐远。"①

但有一点应该值得注意，我们不能只看到互联网时代带给书籍装帧的冲击，还要看到在这层冲击下暗含的新动力。书籍装帧艺术是隐藏在形式与内容之间的一种文化内涵，互联网时代中新技术、新材料、新观念作用下的书籍形态更能直观地集中反映出不同国家的物质文化与精神文化状态。国际化的书籍装帧艺术搭乘互联网连接的开放线路，与各个国家相互交流与借鉴。东方设计往往用朴素的线，朴素之中充满了作者情怀的象征；西方设计常以色彩混搭来凸显层次感，表现人物心中的向往与性格。东方色彩表现以抒情为主，多以水墨丹青呈现形式为代表，在继承文化过程中反映墨色五分之说，讲求传神、气韵和真善美；西方的颜色表达注重抽象与夸张，虽然极具视觉冲击，但文字部分也仅仅是26个字母的任意排序。

---

① 王帆：《网络时代，我们是否还需要坚守书籍装帧？》，《美术观察》2014年第12期。

　　艺术是具有时代性的，时代感是书籍装帧的灵魂。新时代的设计意识将外来艺术与民族传统文化有机结合，不只停留在表面的照搬，而是融合两者的精神文化，在彼此了解的基础上进行再创作，呈现外在美的同时展现内在美。如打破中西文化隔阂的陈幼坚，用一个中国人的视角来考察西方文化，巧妙糅合了深厚的东方美学和西方现代设计，设计出东西合璧的唯美佳品，创造性地构建出"东情西韵"的创作模式。

　　（二）碎片化：设计精神的转变节点

　　信息时代，我们可以在日常生活中随处看到这样的场景：乘坐公交地铁时，乘客以手机为媒介，透过电子屏幕进行碎片化的信息获取；工作休息之余，"打工人"拿出手机或者平板电脑，低头对竖屏里的内容产生一系列情绪变化。这种借助各类电子阅读终端，在碎片时间里能够随时随地、时断时续进行片段化、短小化内容阅读的方式，称为"碎片化阅读"。

　　碎片化阅读是生活节奏加快和信息爆炸式增长的必然结果，互联网技术充分调动了人们的视觉行为和认知活动，使人们的阅读方式和阅读习惯发生了翻天覆地的变化。相关研究表明，碎片化阅读以潜移默化的方式影响着大众的阅读心理，其便捷性、娱

乐性、易用性、社会性等优点，能够帮助大众快速了解新鲜资讯，舒缓生活压力；但信息资源零散和碎片化的特征，导致大众的信息接收从线性模式变成了非线性的认知拼接和整合。[①]

如果我们转换视角重新观照大众阅读习惯和阅读方式的变化可以发现，这或许是书籍设计新的机遇。以纸质材料为媒介的传统载体，其本身的魅力也在反差中逐渐显现。以往许多人们日常阅读的纸质书本、报刊已为今天的电子媒介代替，而人们习以为常，已然慢慢忘记了纸质材料所带来的感受。但同时，读书者有时也会突然想起以往阅读的时光，再翻开纸质书本时会有一种别样的感受涌上心头。社科院中国特色社会主义研究中心主任尹韵公曾说过：在移动互联网高度发达的今天，80后和90后中的大多数人是"数字移民"，而00后已成为"数字原住民"。80后、90后在"移民"过程中不断适应新环境，他们与新环境发生摩擦和博弈时会自然而然地回忆起儿时的美好回忆，重复以往的事情，期盼在这份回忆里寻得一些温暖和安宁。

碎片化阅读在某一程度上削弱了大众对纸质书籍的兴趣，传统纸质化媒介的阅读比例正逐年下降，而数字化阅读的比例则在不断上升。读者已经不满足于从传统书籍形态中获得自己需要的知识与信息，而把部分目光转向了新型书籍形态——电子书籍。这对于传统书籍设计必然是一个转变的关键节点，随之而来的是一个值得思考的问题：碎片化电子阅读下我们还需要书籍装帧设计师吗？

要回答这个问题，我们必须先解决一个问题：大众会抛弃纸质阅读吗？事实上，电子阅读给阅读提供了新的方式与路径，但纸质阅读不会因此而消失，因此，"碎片化电子阅读下我们还需要书籍装帧设计师吗？"这个问题的答案是肯定的。但是，碎片化阅读时代下，书籍设计师的应对策略确实要发生改变，他们需要在遵循读者的感性需求的同时，懂得读者内心的真正需求和个性化需求，利用各种方式和手段不断优化书籍的信息语言，呈现

---

① 李晓源：《论网络环境中的"碎片化"阅读》，《情报资料工作》2011
年第 6 期。

出线上和线下阅读的不同之处，满足各方的需求。这既体现在纸质书籍的装帧设计中，也体现在电子阅读产品的设计理念中，因为两者是可以共存的，并且能够相互补充，相互完善。从两者的共同点上看，碎片化阅读时代下纸质书籍和电子书籍的设计总体思路都是要以读者、用户为中心，提取读者用户的"痛点"，直击图书装帧设计中的焦点，为用户打造合适的"爽点"。因此，书籍装帧设计者要敏锐地捕捉书籍的内容和感情特色，彰显个性化的书籍形式，管理好阅读节奏、色彩语言等书籍信息，为读者、用户提供更好的阅读体验。

（三）电子化：书籍形态的深刻革命

人们的碎片时间具有许多随机性，因此许多人都会在自己碎片时间内选择电子阅读这种更方便的阅读方式，而电子阅读按照移动终端的差异又大致可分为两类：一类是用Kindle电子书等专用电子阅读器；一类是用以手机端为代表的移动终端，它具备移动互联网的功能，包含了很多其他功能。近年来市面上流通最广的电子阅读器是由亚马逊公司设计和销售的Kindle电子书，它是一种专门用来呈现文本的电子阅读器，国内也有着相似的电子阅读器如汉王、当当国文电子阅读器、掌阅ireader等，都是以电子纸为载体的移动阅读工具。

电子纸与常见的一般纤维不同，是一种极其轻薄的显示屏，可以解释为"像纸一样薄、柔软、可擦写的显示器"。运用的是电子墨水技术，显示出接近纸质书籍黑白印刷的效果，视觉感官上也与纸质阅读更为类似，即使凝视时间较长，眼睛亦不觉得疲劳，而且能在表面调节处理光感。目前，电子墨水技术和电子纸张技术在社会上广泛使用，产生一种新的"电子出版物"。

互联网时代，技术更迭正在以超乎想象的速度影响着大众的日常生活和社会形态，电子书籍均已不是最初的扫描文字，而逐渐融合了视觉、听觉和触觉的全方位感性阅读方式。网络化阅读模式已经成为了主流方式，这一改变并不局限于某一地区或城市内部，而是在全球范围内传播式地进行。电子书阅读摆脱传统印刷、出版、技术等的局限，为了能使读者更加深刻地体会到信息内容呈现出来的感觉，读者可以在阅读时体验音频阅读，在声音环绕中产生更多阅读感受。著名学者莎士比亚曾说过："书籍是全世界的营养品，生活里没有书籍就好像没有阳光，智慧里没有书籍就好像鸟儿没有翅膀。"互联网带来的电子化确实对书籍装帧设计带来不可磨灭的影响，可谓是书籍形态的彻底革命。书籍装帧设计依存于"书籍"这一物质存在，倘若书籍不再是实物体，如何战胜电子书的设计形态将成为纸质书未来发展趋势的关键。

在竖屏时代来临之际，电子书拥有了纸质书籍基本的知识传播功能，书籍装帧艺术也重新进行了自我定位和审视，并在美学基础上对书籍装帧的完整性在色彩、版式和内容上进行了多侧面的强调。尽管设计载体在不断变化，但书籍装帧艺术的本质并未发生变化。因此，即使信息时代赋予了书籍装帧艺术新的历史使命，书籍设计师也要明确自己的职责，时刻谨记在传承和创新优秀文化的前提下，弘扬民族精神，紧跟时代潮流，将书籍装帧文化进行传承与创新，唤醒纸质书籍特有的书卷气息。

二、书籍装帧的设计潮流

（一）兼容：设计元素与书籍内容的平衡

优秀的书籍设计，不仅能够很好地展示图书功能，还能提升图书自身的美观度和文化品位。所谓"悦己者容"，对那些漂亮的装帧，读者总会多看一眼，这一眼产生的经济效益和社会效益蕴含着无限可能。

"兼容"是计算机术语，是用于衡量软件好坏的一个重要指标，一是指如果某种软件能够在某种操作系统中稳定运行，则表示该软件与该操作系统相容；二是多任务操作系统下，多个同时工作的软件间，若能够稳定工作而没有出现经常性差错，则称其兼容性良好，否则为兼容性差。其实不只是软件或者系统里才讲究兼容，书籍装帧设计中也是如此。要注意以下三个方面的"兼容"。

一是设计风格应和图书内容相容。不同种类的书籍，其版式设计也应相应地按照一定的样式进行设计，设计之前要想一想这本书是给谁看的。比如说，给小孩看的书，在版式设计上就一定要考虑到儿童阅读的接受能力，字号与间距都不能太小，形式上更应该是活泼可爱，色彩鲜艳，开本也可以不拘于常规，最好将互动性和趣味性融入设计理念中。

二是设计元素之间的兼容。版面上的均衡美能让读者的眼睛有一个愉快的落脚点。图片是书籍版式必不可缺的元素，图片位置摆放得好与坏对版面整体平衡起着决定性的影响，摆放得不好，会导致版面整体失衡。当版面上出现两幅图时，按对角线编排可以保持全版上下平衡、多图拥簇，若空间间距不同、上下不齐、图旁串文冗长而又变化不定，就会让版面失去均衡秩序感。

三是设计效果与材质的兼容。在图书装帧设计阶段，设计者在设计的过程中应该考虑成果的呈现方式，使用何种材质才能最大化地展示出作品的魅力。图书装帧设计阶段，是既独立又相互联系的一个环节，设计者的设计是有创新意义的，是独一无二的，但是设计者在设计时也必须考虑作品的后续加工及作品的材料选择，书籍装帧设计的材料应该是在多种因素的综合下选

《来自有的"無"》

择最合适的，因此设计师设计时应该注意设计效果与材质的兼容性。

　　书籍的颜色、字体、图案、材质，不仅要与书籍内容相契合，还要能传递信息，更重要的是有设计感，从而让人有阅读、购买欲望。加强整体的组合构成，注重文字的集合性和条理性，对各种设计元素进行色彩的强化和协调，对版式中的各种设计元素进行有计划、有重点的编排，使版式元素有条理地组织起来，视觉上有条不紊，达到信息与理念有效传播，内容与形式统一，局部与整体协调的目的。

（二）个性：定制与收藏延续书籍生命力

　　世界图书的走向有一个重要分支是私人定制。私人定制能满足特定人群对图书形态美感的极致追求与怀旧情怀的执着。图书收藏和私人定制是图书市场中不可小觑的一股重要推动力，也是延续纸质书籍生命力的力量之一。

私人定制图书

在过去信息闭塞的时代里，销售市场是以单向为主。消费者需要什么，书商推介什么。互联网时代把世间万物的距离拉得非常近，人们获取信息的方式变得多元化后，便对差异化有了追求，即标新立异、特立独行。图书市场也不例外，图书形态有时过于单一，许多爱好收藏图书之人，为了拥有贴有自己标签的图书，寻找一些私人书籍装帧设计师或者工作室，按照读者的纸材要求、版式要求、色彩要求等来为读者设计属于他自己的图书。

最近几年，书籍设计队伍明显增添了来自社会的生力军，这是一批非出版社美编组成的非主流书籍设计力量。新人辈出的设计工作室所表现出的个性化设计，打造出一批年轻品牌，为中国的书籍装帧艺术注入新鲜血液。

RELATED DEPARTMENT 于2017年在上海成立，他们通过新鲜的视觉探索与文化产出，来进行多样化的设计尝试。同时他们成立了自出版单位书局Page Bureau，致力于和朋友们一起构想、设计并输出发行各类型印刷物及虚拟电子文本。

Page4 Studio是于2020年4月在杭州成立的Riso印刷工作室。在电子媒介盛行的年代，Page4 Studio始终认为印刷能传递很多电子载体无法传达的情感。它们想要发现和探索传统Riso印刷与不同艺术媒介及领域的边界，尝试创造出更多有趣、跨界的印刷制品。

毛边本

"毛边本"也叫作"毛边书"，书籍版本之一，属装帧范畴，如同封面、扉页、字体、行距、插图一样，它们共同完成了一本书的外观和内在，它的书边是没有裁切书边的毛糙形态。只不过很多读者习惯了切边本，也就是我们常见的裁边后的图书，对于"毛边本"大多数读者还不了解。边春光主编的《出版词典》里解释道："书芯装订成册后不加裁切，让读者在阅读时自己裁开。使书边不齐，以保留自然朴素之美，增加读者对书籍的亲切感。国外这种装订形式多用于页数不多的文艺书籍，以法国较常见。我国在30年代也曾采用过这种装帧形式，如鲁迅《域外小说集》初印本即为'毛边不切'的。"

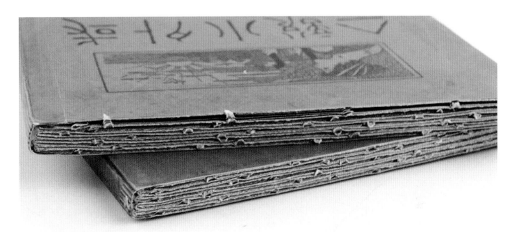

《域外小说集》毛边细节

　　毛边本的源头其实是早期法、英、德、俄等欧洲国家一些出版社为其贵族阶层定制的"未切本"书籍,是西方书籍装帧艺术中的一种特殊装订形式。中国的"毛边本"始自鲁迅与周作人合作编译的《域外小说集》初版本,常被视为中国现代文学史上最早的毛边本。鲁迅在他的文字中时常显露出他对于毛边本的喜爱,甚至自称"毛边党",他曾说:"我喜欢毛边书,宁可裁,光边书像没有头发的人——和尚或尼姑。"

　　20世纪80年代,沉寂了半个世纪的"小众读物"又悄然兴起。"毛边本"充溢着自然朴素之美,版心之外留有空白,易做批注,文人们也最好这个。个别毛边本需要读者亲手切开,赋予阅读以仪式感,产生互动的图书往往能令人印象深刻。时至今日,毛边本已经成为一个图书收藏界的热门物,许多出版物会额外制作少量的毛边本,以满足这部分读者的需求。藏书家谢其章认为,毛边书的价格已经被炒到缺少理性的地步,尤其是老版书毛边本烫手,在几次拍卖会上,《北美印象》(1929年上海金屋书店版)以990元成交;鲁迅编《唐宋传奇集》(1934年上海联华书店版)以990元成交。对此,有专家分析认为,毛边书文化走出书斋,走向更广大的读者,表明当下文化环境更加宽松,人们审美取向的多元化。

手抄本

手抄本的概念顾名思义就是手工抄写出来的原本的版本。手抄本的产生，大致有以下几个因素：一个是由于古时候记录载体单一，口述和手抄就成了最佳的总结方式；另一个是由于古时候娱乐方式单一，一些文人志士通过抄写古典著作以打发业余时间。在印刷术未发明之前，手抄本是主流的文化传播方式。在距今5000年前，埃及就有人用芦苇笔在莎草纸上写字。那时候莎草纸写成的只能是卷轴，而不是装订成册的书籍，这给阅读带来诸多不便。

在古代，印刷出版的书毕竟是少数，大量的个人作品还是以手抄的形式留存的。中文古典典籍按照是书写还是印刷而成，区分为"抄本"和"刻本"两种。"抄本"即"手抄本"的简称。我国现存最古老的抄本为西晋元康六年（296）的佛经残卷。《红楼梦》最初就是以手抄本的形式流传的，著名的大部头《永乐大典》和《四库全书》也是人工抄写的。

就近几年收藏发展趋势看，精美的手抄本市场流通量已经大幅缩减。收藏者大多是一些中青年群体，可见年轻人对传统文化的热爱，以及对收藏品市场的理性认识。

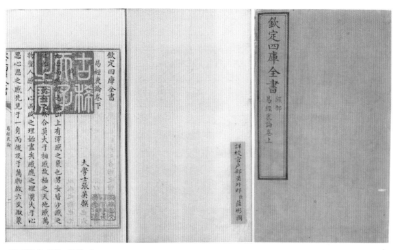

《四库全书》手抄本

（三）易读：适度留白给予读者阅读创作

在大多数情况下，读者会将第一视线聚集在版面上的文字、图片，至于在这些之间的空白之处是很少有读者去留意的空间。空白，从审美的角度分析，它与文字和图片具有同等重要的意义。齐白石画虾，四周留下一片空白，这里的空白不是空无而是水的隐喻，所以画论上有"以白计黑，以黑计白"之说。留白是一种无声的书籍语言，它并不代表着什么都没有，这种以空间布局来渲染含蓄内敛的情感手法，可以达到一种"方寸之地亦显天地之宽"的传统东方美感。很多时候它比繁密的文字画面更具有想象力和塑造力，它提供给读者丰富的联想空间，让读者可以在留白设计的意境中去补充自己的思想，成为书籍与读者进行交流的空间。

在中国传统美学理论中，"空"和"白"是具有影响力的审美境界，它道出了道家的"虚"和"实"，"有"和"无"的相生关系。所谓虚实结合、虚实相生，在书籍封面设计中虚实关系就是留白与非留白的关系。好的艺术作品能传递给读者关键信息，倘若一本书的内容里被文字和图片全面覆盖，再有价值的文字语言也会被读者因视觉疲劳所忽略。留白也有留白的讲究和窍门，留白同样需要控制数量，留白数量要与元素数量大致相当，过多的留白会使版面凌乱不堪。表现版面空间开阔可以通过"制作空间的透气口"来实现，如果在版面四个角落都摆放元素，版面将拥挤局促、密不透风且不开阔，所以至少要留一个角落作为透气口。

《通往人文的建造》（东南大学出版社2020年出版）是一本建筑师谈有关传统与当代空间设计的书籍，高质量拍摄的图像和简洁利落、层级清晰的布局，与手绘建筑草图及结构图形形成对比。书中大量的留白处理给予读者对空间的想象和思考，轻油印刷的部分页面同时也丰富了空间表现的层次感。留白设计不止在书籍内页之处，有时还会应用在书籍包装或者封面。在印刷品以资讯传递为首要任务的这个世界里，当你看到大面积的"白"，目光就会不自觉地搜索"不白"的地方，"留白"通常是为了让不白的地方被突显，不同配置的留白被安放在书封上，沉静地托起各式各样的故事。

（四）适度：加减原则创造简约视觉冲击

在全书的版式设计中，视觉流程的版式是设计的一个重要要素。视觉流程是视觉空间的一种运动，是视线随着各种视觉元素沿着一定的轨迹在一定的空间内运动的过程，视觉过程主要在于随着设计元素的有序组织、主次分明、条理清晰、快速流畅地诱导视线，完成信息传达功能的设计本身。书中的内容要有时空构造的意识，即时空的层次、视线的流动、信息的诱导和渗透等要素要有一定的时间和空间构造的意识。所以，设计师需要利用版式中的每一个部件，做到环环相扣，各取所需。

在实际生活中，人类的视野范围是有限的，阅读的视野更是缩小到8—10厘米，所以，书籍设计在进行开本、标题、插图、表格、辅文等方面设计时，都要以读者的阅读感受作为设计依据。装帧设计既反对那种纯粹形式化的简单构成游戏，也忌讳废话连篇不到位的牵强堆砌。方法论中的"加减法"给予作品一种力量。"加"，是通过尽可能多的设计元素来吸引更多的人群；减，则是通过表达得少从而让人们记住更多，要在设计过程中进行多思考、多整合，做到有所为有所不为。

在设计中做减法往往比做加法的难度与挑战更大。设计领域中的"减法"指去除部分设计内容，以达到凝练、简洁、纯粹的设计效果及目的。20世纪30年代著名的建筑师密斯·凡德罗提出了"少即是多"的观点，这是一种提倡简单、反对过度设计的设计理念，被奉为现代主义设计的经典论调，也成为减法设计的基本观点。

简约主要做的就是减法，但减法需要有一定的原则，侧重点就是明确怎样才是简约并采取恰当的减法。为每本书找到最适合的样子，设计师需要尊重书籍本体并适度地进行书籍设计。如果正文版式设计是书籍装帧的重点，文字排列就要符合人体工学。太长的字行和过于紧密的文字会给阅读带来疲劳感，从而降低阅读速度，因此字距和行距都要适度。根据总体设计原则，设计者在内容主次的把握、版面布局的分寸和点线面的处理上要统筹兼顾，使设计形式更好地服务于内容。设计者需要打造一种简约的美感，即把握形式与内容的契合度，在有限的版式空间内能使图书整体设计产生更好的效果。"简约设计"不等同于"简单设计"。民国时期的小众书装设计师孙福熙以简洁高雅的设计风格成为书籍装帧艺术设计上不可或缺的名家，他为鲁迅《野草》设计的封面堪称简约设计风格的经典之作。《野草》封面由深灰与草绿两色套印，表现广袤大地，无边无际，密云急雨，使人有一种压抑之感，但稀疏而挺秀的野草却绽放出生命的绿色，线条飞动，展现出小小的野草对于生命的渴望。孙福熙的书装艺术"少用极大的篇幅，少用猛烈和幽暗的色彩，少用粗野和凶辣的笔触，使画面表现的只是温和的、娇嫩的、古典的空气"；"少有想象的拼图，新奇的装饰，和空虚的画材"。①

《野草》

---

① 孙伏园：《三弟手足》，《孙伏园散文选集》，百花文艺出版社 2004 年版，第 231 页。

第二节

融合与出路

　　目前，我们的出版在融媒的图书形态上未有重大突破，数字出版缺乏宏观形式上的内容整合，专业性较弱。时代的需求和市场的细分要求设计师有革故鼎新的气魄和实力，在书籍设计方法上不断推陈出新。唯有当设计与文化共生、技术与形式相衬时，传统书卷美和现代科技美才算走上了融合之路。

一、书籍装帧与音频技术的融合

　　有声书是出版载体在信息技术发展下的拓展和延伸，它可以不受时间和空间限制，满足了大众一心多用的心理，用耳朵"读书"可以优化读者的时间分配和管理。有声书最突破的一点在于，它的重点不再只围绕在视觉上，还关心在听觉上是否愉悦。有的人在度过了高度紧张的一天工作后，利用有声书放松身心，有的人会边走路边听书，或在照顾婴儿时听，或是用有声书替代电视，或是在睡觉之前听书，松弛一下神经。书本的好处是，对于第一次阅读时没有吸收的内容，能够快速地用双眼再看一遍，而且可以用笔标记文本或折起书角，标记特别的地方，供日后回顾。相对而言，有声书利用的是我们的"声象记忆"，在这一过程中，声音信息在听觉存储器最多保留4秒，同时等到下一个声音呈现才能对整体进行理解。有声书也无法复制纸质书最吸引人的一面，即具有模糊的创造性：一行诗或一句话可能表达出两层意思，并在这两层意思中保持巧妙的平衡。配音员在录制时只能选择其中一层意思，并将这层意思强加在听众身上。对听众有好处的一点也许是，有声书的抑扬顿挫和配音员的声音能够带来音乐体验，有助于长期记忆，就像纸质文本中的视觉和触觉体验能够加深记忆一样。人民出版社在建社之初就着手整理"四大名著"，它本身就是"四大名著"的发源地，其文学影响力无人能及。70年来不断修订完善，终于完成了《四大名著有声版》的国民读本。8本纸质书和900集有声书让你会惊喜地发现"眼睛阅读+耳朵聆听=身临其境"，画面感伴随音频扑面而来。

　　近年来，受新冠疫情与互联网、信息技术发展的影响，互联网在线内容消费群体呈几何倍数的增长，使我国有声读物市场保持着高速发展的态势，以喜马拉雅FM、蜻蜓FM、懒人听书为代表的各大有声读物平台通过多语种内容开发和本土化落地积极开发全球市场。[1]虽然中国的听书受众在不断增长，有声读物的市场在不断拓展，但目前还是存在比较大的问题：其一，有声读物目前依旧处于探索阶段，其商业模式、服务模式、资本融入渠道、变现落地的可行性还存在着较大的提升空间。其二，有声读物尚未形成健全的行业标准，相关支撑技术仍有待发展，缺乏相关政策的有效支持、海外市场尚未被开发，这些都是未来出版者需要解决的重点问题。除此之外，出版社不能把低质内容一成不变地转化为音频书，出版业需要把好关，挑选优秀的作品音频化并用心挖掘原创资源开发为音频书。有声作品还需加以改造，与内容、音乐、朗诵相结合，多管齐下才能推动有声读物市场持续正向发展。

---

① 杨瑜琳：《我国有声读物市场发展面临的瓶颈与挑战探究》，《大众文艺》2023 年第 3 期。

二、书籍装帧和手绘的跨界融合

日本书籍设计大师杉浦康平说："一本书就是一个生命体。这个生命体不是静止的，它是流动的，它要富有生命力，这样才能打动读者。"他认为书本身是思想的载体，是阅读的载体，书籍设计对人的影响不仅仅是一个外在形式的美感，它打动的是人心灵的东西，它不是一个静止的物体，它是影响着周遭环境的生命体。书籍有两个系统：一个是文本系统，一个是绘画系统，童书是以绘画系统为主，文本系统为辅的。基于该理论，近几年手绘绘本异军突起，如果说书是连通世界的桥梁，那么绘本就是孩子们认识世界的眼睛，在扣人心弦的故事中成为孩子们的造梦大师。

绘本是一种图画和文字相结合的艺术形式，是用简洁生动的语言和精致优美的绘画相结合，共同讲述故事的载体，具体可分为儿童绘本和成人绘本。但不论哪一种绘本，画面的布局是绘本视觉语言中非常重要的一个元素，是绘本创作过程中不可忽视的关键环节。《秘密花园：一本探索奇境的手绘涂色书》这本书只有96张图，264字，以黑色勾边，画出花朵、动物、建筑的形状，留白给读者任意涂色，号称具有减压的作用。作者乔汉娜·贝斯福认为，现在社会每个人的生活十分忙碌且数字化，涂色能够提供一个完全沉浸其中的好机会，没有微信聊天的打扰以及社交网络的诱惑。[①]人们喜爱这本书是因为能够积极地介入书本的创作过程，当读者握住彩笔的那一瞬间便成为了作者。《城市》《乡村》《渔港》是我国首套手绘本土幼儿情景认知绘本，为2—6岁幼儿设计，由我国著名画家王培堃绘画。在每一幅图画中都蕴藏着丰富的知识和有趣的故事，还加入了我国本土特有的情景事物和民俗风情。通过"找一找"亲子互动益智游戏提高幼儿的判断力和想象能力，增进亲子感情，用全新的视觉体验激发幼儿探索的兴趣。

① 黄玥：《〈秘密花园〉手绘本畅销背后：寻找心灵栖息之所》，《作文与考试》2015年第10期。

《秘密花园：一本探索奇境的手绘涂色书》

中国当代流行的图画书的图书设计师们逐渐意识到，仅仅拥有精美的图画和好的文字是远远不够的，当代流行图画书的版式设计得在书籍出版工作的开展上下功夫。手绘是表达设计的工具，绘本是要用"图"讲故事的艺术，有好的内容和形式是读者能够品尝到阅读趣味的重要方式。

三、传统元素与时尚设计的融合

"世界最美图书"和"中国最美图书"，两者之间虽然只差了两个字，但这两个字恰是能够区别世界与中国在装帧理念和形态上的不同之处。中国传统元素是中国文化对形式美感的总结，它是在中华民族文化融合、演化与发展过程中形成的，是中国独有的、能反映中国与认知中国的符号：印章、中国结、剪纸画、青铜器、青花瓷、图腾、祥云、回纹、象纹、鸟纹、麒麟纹、朱雀纹、青龙纹、玄武纹、传统年画等都是中国传统元素。①在中

① 王元婷：《浅谈中国传统元素在书籍设计中的应用》，《美术教育研究》2013 年第 12 期。

国传统的"五色观"中，赤色、黑色、白色在平面设计中运用最多，这些传统色彩都是中华民族传统文化的象征，给予书籍设计者灵感。2005年全国装帧金奖作品《小红人的故事》受到书籍装帧设计者的关注，这本书以中华五千年的文化根基为基础，设计者熟练地运用中国设计元素，书中每一个图形各不相同，均采用民族特色的剪纸工艺刻造，整体中国红的色彩呈现出一种具有本土特色的色彩。侧面线装的形式更是沿用中国古典书籍的装帧形式，为读者提供了一个令人回味联想的空间，同时它构造了一种中国古典文化的意蕴美，为读者带来了一份美妙的享受。

获得班尼金奖的《最后的皇朝——故宫珍藏世纪旧影》从由故宫出版社负责的资料的采集编排开始一直到作品出炉，历时906个日日夜夜，汇集了一个世纪的历史记忆珍藏。该书由设计大师吕敬人操刀设计，全套书采用中式筒子页包背装，背色采用宫墙红以散发浓厚的历史气息，让色彩活跃艺术的生命；印刷采用了黑白双色印刷，真实地呈现了老照片的原貌；版式设计上借用双色技术，有层次地梳理出中、英、日三种语言的图版信息，并在文前版面上点缀砖红色，以求尽可能体现出与照片年代相符的古籍气质。此外，吕敬人还借助清代宫廷建筑中复杂多变的几何窗饰结构，为该套书设计了7款纹样，分别应用在7部书的封面和内页中，每一卷的设计都采用了与封面色相一致的高纯度染色宣纸作为扉页进行过渡，使得单册封面的螭纹与提取的影像元素相互辉映，在区分7卷的同时又形成系列感。

《小红人的故事》

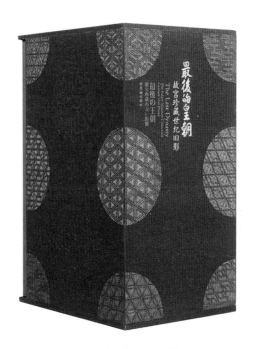

《最后的皇朝：故宫珍藏世纪旧影》

　　"古人为我们今人传递传统，今人则为后人创造传统。" 中华民族历史悠久，上下五千年，有无数璀璨的文化值得我们去珍惜。在当代中国的书籍设计中，更是注重中国传统文化提倡的神韵，将中国千年文化蕴藏在书籍设计的艺术时空中展示给读者。书籍设计师曲闵民曾说："书籍设计不是正式出版前的最后一关，恰恰相反，一个真正的书籍设计师，应该从选题确定后就开始参与到书籍整体的编辑中去，设计师可能成为文本信息传递的导演。"传统元素要与时尚设计进行融合，首先需要设计师对市场需求进行全面而深度的调查。随着生活习惯和思想观念的巨大改变，某些传统元素与现代存在着巨大差距，设计师要了解目标受众所需，才有可能将传统的东西重新包装为时尚。在这点上，故宫出版社便是值得出版业学习的范例。其次，要寻找传统元素与时代的共通点并深度挖掘其情感内涵，试图找出能引起大众共鸣的地方，以情感作为纽带将二者相结合。其三，还应对相关技术进行探究，以多元技术激发传统元素的发展多样性。

第三节
创新与未来

　　数字技术的介入、新材料和新工艺的不断发展，促使现代书籍设计的形态由单向性向多向性转移。现有书籍设计的思路和形式的解构和变化，给广大读者带来全新的"五感"感受。与此同时，新时代的阅读方式也给书籍装帧设计师和编辑提出了新挑战，未来的书籍装帧艺术必将呈现包罗万象的全新格局。

一、书籍装帧的环节革新

（一）"去区隔化"融入书籍设计新理念

　　面对书籍装帧无创新、统一化、死板的不良现状，我们是时候该意识到在电子媒介冲击图书市场的时代，单一的设计思维和一成不变的书籍形态已经无法匹配年轻群体的求知欲望；也是时候要更加重视设计观念的更新，关切读者在现实生活中所面临的阅读问题，去查阅资料，去研究，去一遍又一遍地寻找设计要素。

　　法国著名思想家布尔迪厄在《区隔》中通过各种社会统计调查和时尚采样，揭示了各种所谓文化品位、生活趣味等文化消费都不是自然纯粹的，社会大众会根据阶层环境、教育系统、家庭成员等各种社会条件的差异，对文化理解产生分歧。他在艺术方面展现了象征性障碍如何妨碍了文化的完全参与及人们如何自发地排除了自己参与的可能性。"区隔化"使文化生态垄断化、等级化、封闭化，而"去区隔化"则使文化生态去等级化或共享化、平等化、开放化。这对于书籍装帧设计具有重要的启示，以一本艺术书的装帧设计为例，"艺术性"本身带有抽象意蕴，有些带有抽象性审美的设计可能将大众阻隔在外，此时就需要将"去区隔化"理念纳入设计之中。"去区隔化"这种重塑作用体现为将书籍装帧设计生态去等级化或平等化、共享化、开放化。

　　然而，这种"去区隔化"设计理念中还应当保存一些差异性。"差异"何在？在于书籍类别的不同，在于书迷需求的不同，在于市场趋势的不同。"去区隔化"是一种设计理念，而不是最终的书籍形态，书籍设计师应根据书籍的"差异"，在设计时提前预判大众可接纳的范围和可理解的程度，尽量缩小读者之间的"文化区隔"，在形形色色的变化中瓦解一成不变的设计。

《微》

（二）特殊材料对于书籍装帧的创新应用

对于书籍装帧设计师来说，具备必要的材料和印刷常识是很重要的。不考虑材料的设计是不完备的设计，这样的设计不仅难以达到设计者预期的艺术效果，严重时还会造成资源的浪费。随着时代和科技的不断进步，书籍装帧的材料也不是一成不变的，新型的书装材料还在不断出现，还有一些新材料需要设计师去发现和开拓。[①]

"肌理"是近几年书籍形态中的常见话语。在书籍形态表面进行肌理的变化处理，使其在视觉上与触觉上构成全新的审美感受，这种变化的产生是通过书籍形态的特殊手段实现的。肌理化是一种可以触摸得到的立体形态。由于装帧材料的可塑性，不同肌理的材质本身可以形成光与糙、粗与细、软与硬等心理感觉上的反差对比美。不同材质和厚度的载体杂糅在一起可以区别书籍的内容，调节阅读的设计形式。斑驳的效果及自然的肌理带来书籍视觉上的新鲜感。

合成材料是具有时代特征的书籍制作材料，在使用初期，书籍中的合成材料更多是带有防水防潮等功能性的目的，而随着现代加工工艺的不断发展，在色彩和肌理方面上合成材料具有了更多的变化。现代的书籍设计也开始利用合成材料易于成型的特点，从而改变了传统书籍"刻板单一"的外表。任何材料的选择都需要有贴切书籍本体的视觉内涵，并与书籍中的纸张有着视觉和心理上的协调。[②]

纵观近几年的书籍装帧设计展览，许多作品几乎完全突破了书籍固有的长方形模式，甚至彻底脱离了纸张的束缚，以玻璃、金属、木头等材料为媒质来设计。在设计中的一切表现形式和手法最终均在材料上得到体现，材料经过创意设计可引起读者的共鸣。《马克思手稿

《马克思手稿影真》

---

① 倪建林：《书籍装帧艺术设计》，西南师范大学出版社 2020 年版。
② 姚翔宇：《论现代书籍设计中材料与工艺的设计价值》，苏州大学 2007年硕士论文。

《西域考古图记》

影真》以马克思当年写给朋友的书信真迹为素材。吕敬人通过纸张、木板、牛皮、金属等材料及印刷、雕刻等工艺演绎出一种全新的书籍形态，尤其是书籍外封套用具有欧洲19世纪时代感的亮皮穿绳构造，在保护书籍的同时呈现古朴之美。在《西域考古图记》中，封面采用了残缺的文物图像进行磨切嵌贴，同时对斯坦因探险西域的地形线路图进行了压烫处理。函套本依附于敦煌曼荼罗阳刻木雕板，而木匣本以西方文具柜卷帘形式呈现，门帘上雕刻了曼荼罗图像。

　　用纸板材料制作的纸板书是国外专门为0—3岁幼儿创作的图书，它在印有图画的纸之间加上了厚厚的硬纸板。除了厚实的纸板材料不易划伤小朋友的手和易于翻页的优点，纸板书还有各种特别设计如"洞洞"、"翻翻"、特殊材料等，翻开一页，另一页自动翘起。纸板书在形式上设计多样，它有多感官体验的设计，有的能产生声音，有的能产生不同的触感，有的带一些小物件等，这些设计都是为了让幼儿在玩的时候能够锻炼手、眼、脑协调性的活动，促进感官发育。

（三）美术编辑在图书装帧设计的新作用

美术编辑与其他编辑不同，是图书出版时整体形象的重要把关者，也是一个出版物的形象设计师。美术编辑不仅需要在图书设计前期进行规划定位，还需要通过图书装帧设计、版式设计、封面设计、协调印刷等环节逐步打造出一个完美的艺术品。①黑格尔说过："审美的感官需要美学的文化修养，借助这修养才能了解美、发现美、创造美。"同样，美术编辑的工作也是一个挖掘美和传达美的过程。

一部好的书籍出版物，也应该是一件充满着美感的艺术品。美术编辑必须参与和把握好每一个重要环节，将封面设计、扉页设计、正文设计和插图设计等有机统一地呈现在读者面前。形式服务于内容，不论是组稿还是直接创作，都应该围绕着书籍内容展开。著名策划人金丽红在编辑制作方面提出了著名的"5分钟效应"理论，即读者选书首先看书名，然后是读者、出版社、封面设计，然后是内容摘要、目录，最后是封底和定价，这个过程大致需要5分钟，这是决定读者购买与否的最关键的5分钟。因此，金丽红尤其注重突出书名、封面、内容摘要等因素的设计，力求"先发制人"②，在整体设计中贴近读者感受。

曾策划畅销书《哈佛女孩刘亦婷》的杨葵说过这么一段话："传统的编辑加工，工作十分单纯，只需对书稿的完整性、统一性、艺术性负责，是个纯内容的问题。可是现在，内容仅只是一个方面，你还必须考虑形式。以前的书，大家认为它由两部分组成：封面和正文。现在呢，我看书是六面体的产品，你要做到细到每一步，封面封套、扉页、正文的版式、天头地角、字体的变化，甚至页码的形式……所有这些，都是编辑加工的内容。老编辑们会说自己是'编'书的，而新编辑们说的是'做'书，一个字的变化，也是不得不变，因为需要'做'得太多了。"③其实这

---

① 常红岩：《谈美术编辑在图书整体设计中的审美创造》，《新闻研究导刊》2021 年第 3 期。

② 于春迟主编：《出版管理学》，中国人民大学出版社 2011 年版。

③ 武亚雯：《浅谈成功的图书策划》，《中国出版》2005 年第 2 期。

《橡皮人》

段话里所讲的编辑,不只是文字编辑,还包括美术编辑,"长江后浪推前浪,浮事新人换旧人",在这场时代浪潮中,无创新就会被浪花拍打在沙滩上。

随着大数据、人工智能、物联网等数字信息的快速发展,美术编辑也面临着需要迅速去适应自己角色的新转变,仅从技术层面来说,面对层出不穷的新技术和新软件,美术编辑就不能仅仅满足于PS、AI、CD等平面设计软件,还应该掌握3D、音频、视频等技术运用,如果新时代的美术编辑还是停留在只会使用传统的、单一的编辑设计软件,那往往在设计的表现手法上会很局限,可能就无法将创意点表现得淋漓尽致。[1]从思维方式来说,书籍装帧设计者要跳脱传统思维,多了解行业的进展、材料的发展、读者的审美变化以及前沿趋势。从综合素质来说,书籍装帧设计者应该具备过硬的政治素养能力、优秀的理解力、正确的理想信念、深厚的文化素养等基本素养。

---

① 胡瑶:《浅谈对新媒体时期美术编辑的重新认识》,《媒体融合新观察》2020年第6期。

二、书籍装帧的未来构想

（一）信息可视化引发深度阅读

出色的可视化作品往往都有夺目的标题、搭配得当的颜色和文如其义的字体。我们在欣赏一幅好的可视化作品的同时，也在欣赏"交流的艺术""颜色的艺术""字体的艺术""分析整理的艺术"。什么是可视化？"看"是我们利用自己的视觉系统对图像信息进行特殊处理，从而来消化大量信息的重要方法。可视化即将信息具象化，利用视觉方面的记忆，更加便捷地思考一些看不出的规律和问题。

儿童群体对视觉的感知是最敏锐的。苏联著名教育家乌申斯基就曾在《人是教育的对象》一书中指出："儿童是依靠形式、颜色、声音和感觉来进行思维。"正是儿童心理和认知发展的这些特点，使可视化这个工具如今在很多领域中，诸如教学领域和科普领域都得以应用，运用一系列图示技术，比如图片、画面或者视频把本来不可视的思维（思考方法和思考路径）呈现出来，让有点玄乎的思维变得清晰可见。可视化阅读正是可视化工具下

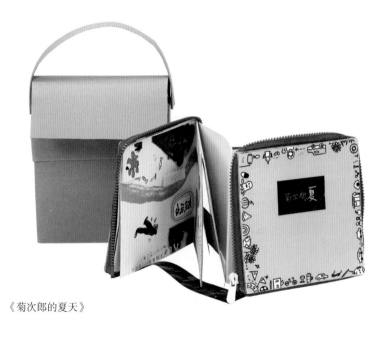

《菊次郎的夏天》

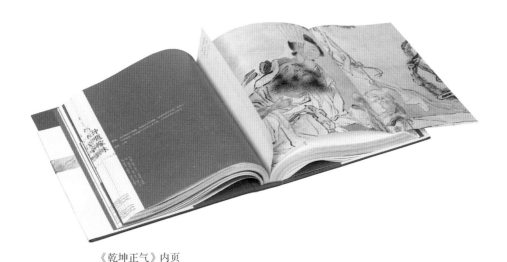

《乾坤正气》内页

的新型阅读方式——将文字转化为图形的阅读技巧，它有别于传统的阅读方法，其并不满足于读者在阅读的过程中将书本上的文字平移到脑海或者笔记本中这种从文字到文字平面式的阅读方式，而是寄望读者在阅读的过程中能将整本书中所有相关知识点进行联动，并进行立体化的重新排列组合，按照一定的逻辑顺序并以图形的方式呈现。可视化后的"思维"形象具体，更有利于儿童对其理解和记忆，可以更好地达到信息加工及信息传递的目的与功能。

　　我们再将视角对准青年。作为视觉设计的一部分，可视化信息图拥有传统信息图难以企及的优越性。首先，在信息重点的区分方面，传统信息只能将信息进行归纳、总结，形成图表文字，受众只能获取整理后的资讯，却无法迅速从中获得关键信息，多数情况下需要受众去揣测信息的重要内容，而不可避免地导致了不同文化程度受众理解上的偏差。可视化信息图则是将文化内涵、商品数据及视觉形象设计融合，并将声音、文字、图片整合为一目了然的视觉图像，从而提高受众消化信息的效率。在吕敬人的设计理念中，他认为设计者理解信息的程度必须优于其他人士，对信息碎片化处理，对文字、数字、图标和符号的理解和归纳则是设计中不可缺少的前提条件。

吕敬人提倡的"信息设计"可被称为"可视化交流法"，其概念是：将繁复、隐喻、含糊的信息通过资讯筛选、分类储存，以图像、文字、参数相结合的方式，揭示、洞悉、解释、阐明信息的内在联系。这是一个思维领悟认知的过程，目的是设计出能够帮助信息需求者便于认知、深刻理解和高效交流的信息图解化传达方式。信息设计能够帮助人们更好地通过特定文本内容，找到系统、显著、鲜明、简单、直接、连贯和全面的可视化元素，并建立关联。美国著名图表信息设计家乌尔曼说："成功的视觉交流信息设计将被定义为被铸造的成功建筑、被凝固的音乐，信息理解是一种能量。"[①]将复杂的图书文本信息通过可视化工具转变为思维导图或者知识图谱，以具象的方式简化抽象的内容，让求知的青年可以缩短查阅资料的时间，避免文字堆积下的视觉疲劳，投入更多的情感去思考，获得深度阅读状态。

（二）绿色环保构成可循环形态

生态、环境和可持续发展是现在及未来社会面临的最迫切的课题，绿色设计已成为当今研究的热点。书籍设计中潜在的资源消耗和环境破坏等生态问题，已不能再用一个简单的技术问题来衡量。

传统出版物生存空间被互联网技术挤压，在市场竞争愈趋激烈的背景下，许多出版者为了经济利益而忽视了自身的社会责任。国际上，绿色设计理念的兴起与倡导是当下书籍设计师们值得关注的话题。绿色设计理念最早是由美国设计理论家维克多·巴巴纳克在其出版的专著《为真实的世界而设计》中提出的，他认为设计的最大作用并不是创造商业价值，也不是包装和风格方面的竞争，而是一种适当的社会变革过程中的元素。他同时强调设计应该认真思考地球有限资源的使用问题，并为保护地球的环境服务，强调在设计中应减少不必要的材料使用并避免因

---

① 朱竣凡：《浅谈信息图表的设计原理与形式》，《参花（下）》2021年第9期。

《为真实的世界而设计》

设计不当和选材的失误造成环境污染与公害。①

目前市场上许多图书为了保持簇新的视觉效果，减少翻阅损失，会在图书外包上一层透明塑料薄膜，读者使用时就必须撕下丢弃，不仅无用、浪费，而且造成污染。一些大型图书的包装型材也应秉承"适度包装"的原则，尽可能减少包装材料的使用，慎重考虑是否必须使用那些豪华的特殊型材，尤其要避免使用塑料泡沫等难以降解的材料。现如今市场上随处可见各种绿色环保材料，可以运用到书籍装帧上的不计其数，使用玻璃、布料都是不错的选择，甚至可以就地取材，飘落的树叶、脱落的树皮、废弃的报纸都是可选可用的。

设计制作一本书时，从书籍材料入手切合绿色设计理念是再容易不过的。以儿童读物为例，基于儿童抵抗力较低、好奇心较高的阶段性特点，环保的轻型纸已成为儿童书印刷用纸的全新选择，轻型纸相较于铜版纸手感更舒适，分量轻，更适合儿童阅读，而且还是用木浆压制而成，更环保健康；传统矿物油墨具有强烈刺激异味，长期呼吸会危害儿童健康，还会对环境造成伤害，既不绿色环保又容易脱色。因此，目前很多的图书采用大豆油墨进行印刷，安全无毒无味、色彩丰富、环保可再生；在粘合剂选择上，越来越多的企业使用水性胶粘剂，与传统EVA热熔胶相比，水性胶品种多、价格低廉，环保易处理，更容易提高生产效率。

将绿色设计引入书籍设计观念中是打破书籍固有形态和材料的束缚的有力手段。在保护读者视力的基础上，更加充分地利用材料和资源，提高阅读的舒适度，提供更人性化的书籍形态，把书籍设计推向更高的层次和境界。

---

① 李夏凌：《绿色·环保——出版物设计者的社会责任》，《科技与出版》2012年第3期。

（三）碎片时间里的口袋书诞生

随着社会的不断发展，时间被高强度的生活压力和快速度的生活节奏碎片化，信息被碎片化，阅读也被碎片化，"碎片化"这个词语在大众眼前出现的次数持续提高，碎片化信息的阅读充斥在每个人的生活和学习中。美国科技作家尼古拉斯·卡尔认为："现代社会泛滥的利用移动互联网媒介获取的快餐式，碎片化信息的阅读方式使读者丧失了深度阅读的能力，逐渐变成了知识信息的解码者，形成丰富的精神连接的能力被闲置。"[①]碎片时间下的阅读产生的时间和环境都具有不确定性，因此碎片时间阅读下的书籍最好是便于携带的，可贴身携带的设计当然是最好的，便于读者随时随地拿出书籍来阅读。国外最早开始流行的口袋书就是一种小开本书籍，具有超高的便携性的同时，性价比也符合大众消费水准。

口袋书，顾名思义指的是开本较小的且能放进口袋里的书籍，尺寸一般小于32开。它的起源可以追溯到企鹅的创始人1935年7月在伦敦出版的"企鹅丛书"，据说企鹅创始人去拜访侦探小说家的归途中，发现火车站没有适合的读物，因此决定出版一种适合于摆放在公共场域中，且价格平民的读物。企鹅出版的第一本书是*Ariel*。"企鹅丛书"一经推出便产生很大反响，受到广大读者的喜爱——从1935年到1938年共销售了2500多万册。在西方国家，流传着"一本书先做精装本，卖得好，就再出平装书，最后才出口袋书，口袋书处在销售的最后一波"的市场定律。口袋书之所以在西方兴起并流行，最主要的原因在于它便于携带，可以在上下班的公交车上、地铁上随手翻阅。人们可以随手买一本，在等待时间将它读完，读完后可以捐了，在英国和德国的很多教堂外都有不少人捐书，其中最多的是口袋书。

其实口袋书并不是现代人独享的出版物，在古代也有类似的袖珍书，名为"巾箱本"。"巾箱"为古人用以装头巾、手帕之

---

① Oubai Elkerdi：《互联网如何毒化了我们的大脑？》，秦鹏译，《求知导刊》2014年第1期。

企鹅丛书

类物品而随身携带的小箧，这种袖珍本书型很小，可以装在巾箱之中，故此得名。"巾箱本"由来已久，东晋葛洪的《西京杂记》后序中称"家遭火，书籍都尽。惟有抄本二卷在巾箱中，尝以自随，故得犹在"。可见早在魏晋南北朝时期，小巧精致的"巾箱本"，因便于古人行旅中坐卧诵读的特点备受推崇。也有很多"巾箱本"是为了方便主人日常查阅、参考而制作的，对于那些在官场从事幕僚一类工作的文人来说，将类似锦囊一样实用的书制作成"巾箱本"并随身携带，非常实用。因此很长时间以来，这种书大受官吏们的欢迎，极为畅销。

目前，中国式口袋书的流行趋势是以"小而精"的设计思路贯穿名著缩写、古诗词选或者各类动漫的袖珍版本。上海文艺出版社近年特别注重推出小开本书系，包括"小文艺·口袋文库"系列，企鹅"鹈鹕"书系等。"厚"书变"薄"，也被赋予了"随身携带、随时阅读、深度思考"的新可能。评论家黄德海也在直播中将"上海作协口袋书"命名为"三上丛书"——读者可以在地铁上、厕上、枕上看的书。2021年，"上海作协口袋书"小精装9种由上海文艺出版社推出，该系列的第一批选用孙颙、陈村、程小莹、滕肖澜、薛舒、姚鄂梅、任晓雯、孙未、王若虚这9位作家的新近小说，有的讲述20世纪70年代的青春记忆，有的细数都市情侣的平凡日常，有的一探家庭的秘密……小到微观世界，大到芸芸众生。在体裁和体量上都做了很好的控制，基本每本字数7

"小文艺·口袋文库"知人系列

万字左右，同时突破性地做了无护封精装本，更容易流传和保存，而内文是松软的顺纹轻型纸，完全可以展平，非常适于阅读。

（四）旧书再利用下的书雕艺术

当下很多旧书被当成废品卖了，变成了纸浆。其实旧书对需要的人来说是珍贵的宝物，在艺术家们的世界里，书本不再是纸与字的单调组合，他们用艺术的眼光重新审视它们，发现它们的美感，继而改造加工，重建其形式和内容，让书籍找到新的存在意义。

书雕就是这样的一种手法，艺术家们借助简单的工具，利用废旧书籍这一新的媒材，创造出新的艺术形式。书雕可分为三种类型：一种是立体书，它们大多出现在童话故事书里。翻开每一页，都会出现一个立体造型，这些立体造型都与内容有一定的关联，一般都是根据内容设计的相关的立体故事场景；第二种是将整本书当作材料，进行雕刻，这种雕刻不建立在书的内容之上，它只是把书本当作载体，将雕刻附在其上，将书本雕刻成山峦、岩洞，利用书的层叠感，刻意使雕刻更加逼真，这点是大理石、玻璃钢等材料无法比拟的，尤其是西方的古典书籍，装订厚且精美，与生俱来的时代感是制作书雕的不二选择；第三种书雕，它们不拘于书的内容，也不拘于雕刻工艺，艺术家完全依靠想象力，使用不同的工具将书打造成无与伦比的艺术品。[1]

1974年出生于美国的艺术家Brian Dettmer，利用刀、镊子以及其他材料改造书的内容面貌，他高超的技术可以媲美外科医生，精确细致。他的创作特点就是根据图书的内容和特性加以改造，重新展现了书籍本身的含义。Dettmer这样解释他的创作："旧的书籍，唱片，录音带，地图和其他媒体在今天的艺术领域中频频地被淘汰实在太多了。我只是降低淘汰这些作品的几率，让它们的存在能成为另一种象征，而不是真正的传递内容。当一个作品用意减弱时，必须要有一个新的方法，重建其形式和内容。"

把书雕刻成大自然中的风景，然后涂上浪漫的色彩。这些被遗忘的知识就像山峰，历经风雨沧桑后，形成自然中的面貌，最终它们得到重生，变成真实的"山"。尽管关于书雕艺术有许多的争议，但它也算是对书籍的一种另类尊重。在网络越来越发达的时代，很多人都不再去翻阅那些厚重的书籍，书雕并不是将原本内容完全摧毁，而是力争在保留书籍原本内容基础上，立体化地向读者们呈现。通过书雕，废旧的图书也可以嬗变为令人惊艳的艺术品，它是数字媒体时代重构书籍形态视觉秩序的重要表现方法之一。

书籍的可重复利用，一方面节约了社会资源；另一方面，旧书经过很多人之手，随着时间的流转，可能成为艺术品。因此，在未来的书籍装帧艺术里，书籍设计师们是否可以看到图书的另一种可能性？它不仅是信息的盛纳容器，还可以是一件值得收藏的艺术品。

---

[1] 姜满如：《浅谈包装设计在书雕艺术设计中的重要性》，《中国包装工业》2015年第18期。

结　语

　　如何在浩瀚的历史长河里为书籍装帧设计理出一条发展脉络？自然要从技法运用与艺术表达双线入手。中国书籍装帧设计一直演进于社会政治、经济、思想、技术、文化水平的变化中。应当说，中国书籍装帧史是一部媒介载体与技术变革史，更是一部审美哲学发展史。作为一种文化和艺术彼此成就、相互支撑的形式，中国书籍装帧形成了自己的独特文化符号和话语格局。

　　中华优秀传统文化是中国书籍装帧史的根与魂。中国古代的哲学智慧给了书籍装帧设计巨大的滋养，被古代哲学智慧浸润过的书籍装帧设计又以丰富多彩的样态、高雅沉着的气韵，传承、赓续了社会文化与人类文明，展现中华人文精神的核心内涵。不同的文化形态和世界观会产生不同的美学精神。儒、道、佛是中国传统文化的主干，它们以各自的世界观构建出中华传统美学精神的多层含义。儒家美学精神强调从主体道德精神的修养来定义美、观察美，在艺术设计中高扬崇高伟大、宏伟壮阔之美。道家思想的核心是"道"，以宇宙人生的根本原理和规律为原则，在艺术设计中倡导道法自然、自然适性、天人合一的审美趣味。佛家体现了追求"涅槃极乐"的本体之美，冲破世俗，否定现实之美，在虚静的观照下捕捉蕴藉含蓄的美学规律，最终创造出具有现象外之韵的美学内涵。西风东渐，西方的现代书籍设计理念进入中国，对中国书籍设计影响巨大。与其他领域的设计师一样，中国书籍装帧设计师博采众长，融合中西，进一步创造出新的设计思想。一本本的书籍装帧、一次次的设计实验仿佛是一面面镜子，擦去灰尘，东方智慧与西方文明渐次清晰。从这个意义上说，中国书籍装帧是对中国古代美学、西方现代美学发展的贡献。

书籍装帧是文化的主观表达，文化是书籍装帧发展史的主干。站在文化与技术角度去观察和理解我国书籍装帧的演变，对于总结和研究书籍装帧设计之经验与不足，对于探索未来书籍装帧设计之方向与路径至少能起到提纲衍流的作用。当代书籍装帧设计者应当去破解书籍装帧设计承载的艺术密码和文化真谛，以先进技术为其一翼，以赓续传统为内核，不断创新发展，为读者设计出更多形式美和内涵美兼备的优秀书籍，推动书籍装帧的更好发展。

革故鼎新的技术是中国书籍装帧发展史的枝与叶。中国书籍装帧设计者从最初的散漫、凌乱、无序逐步摸索出设计与技术相结合的规律，有了书籍装帧设计的整体意识，并且对于装帧的形制有了严格的规范。设计者不单单只注重封面、内页等某个部分的单独构思，还将环衬、扉页、版权页、排版、插图的形状尺寸、颜色、纸张、印刷工艺等书籍的组成要素集合在一起进行综合考量，使得书籍的外在形式能够有一个整体和谐的呈现，技术因此能够更好地辅助表达书籍本身想要表达的内容与思想。随着互联网科技的日新月异，当前电子书、立体书等新装帧艺术形态已经出现，未来将会实现深层次的交互使用功能以满足阅读需求的个性化定制。因此可以肯定的是，吸收了先进科技成果的书籍装帧技术必将以更为自信的姿态与艺术、思想无缝链接。

翻阅书籍装帧史，一本本个性鲜明、品格高雅的书籍次第从历史画卷中向我们走来。这不禁让人心生感慨：精良之作必然是时代设计观念与出版科技发展双向奔赴的结晶。这也启发今天的图书装帧设计者思考：如何将日新月异的出版技术赋能书籍出版高质量发展，生产出经得起历史检验、具有民族特色的书籍装帧作品，让阅读者在日趋碎片化的阅读氛围中停下匆忙的脚步，去享受阅读和学习的乐趣？

善于继承才能善于创新。中华文化博大精深，那些历经历史长河不断冲刷而存留的设计装帧理念、实物，均为熠熠生辉的瑰宝，既向我们展示了古老的中国智慧、高贵的民族气质，也向我们述说了曾经的文化断裂与续接的文化韧性。了解中国书籍装帧史，继承优秀的传统文化，这成为今天的装帧设计者们持续创新的深厚底蕴与内生动力。

改革开放四十多年来，我们党和政府对文化教育的重视程度与日俱增，物质文明和精神文明比翼齐飞，这对出版领域而言是发展的黄金时期。社会生活气象万千，文艺风貌绚烂多彩，人们的精神生活和审美品位不断提高。出版领域中，不少既有学术价值，亦有艺术价值的图书让人耳目一新。这些作品刊刻精审、装帧考究，或大美或小雅，纵横开阖之间有着一种开卷生香、掩卷余味的气韵，成为一件件至善至美的艺术作品。

任何一种文化的传播都离不开它的载体，任何一种载体都应该为精准传播文化而服务。随着互联网的普及，图书的载体已不再局限于纸质，而是扩展到了更为广阔的云端。书籍装帧设计的思路、形态、理念、技术、方法、体验都将发生巨变。这个过程以从有到无、由实而虚起，又将归于"有"、终于"实"。书籍装帧设计师审美能力的评估依然体现于对内容的筛选与挖掘、艺术形式的优化与呈现等环节中，以期更好地传播文化。因此，无论载体如何变化，其精准服务文化的内核与实质不会改变，这既是书籍装帧设计承担的使命，也必然是其发展之方向。期待有更多的"最美图书"奉献给读者，期待中国的书籍装帧艺术凝聚中国精神，彰显中国风格，展示中国气派，创造出人民群众喜闻乐见的"精神食粮"。

参考文献

第一章

[1] 杜薇：《中国古代书籍装帧形式的发展与特点》，《参花（下）》，2021年第8期。

[2] 王浩：《商周时期的简册、书牍及其内容、功能与文学史意义》，《聊城大学学报（社会科学版）》，2013年第4期。

[3] 朱兰双：《我国古籍纸本装帧的历史演进》，《兰台世界》，2013年第2期。

[4] 刘光裕：《商周简册考释——兼谈商周简册的社会意义》，《济南大学学报（社会科学版）》，2010年第5期。

[5] 孙学娟：《简册书籍制度及其影响》，《内蒙古师范大学学报（哲学社会科学版）》，2006年第A2期。

[6] 王萌：《开卷有益——中国古代书籍设计中的卷轴装形态研究》，山东艺术学院2014年硕士论文。

[7] 宋雪梅：《中国古代书籍形态卷轴装小考》，《美术大观》，2011年第10期。

[8] 康素娟：《从卷轴到册页看中国书籍形式的主流演化》，《西安社会科学（哲学社会科学版）》，2008年第1期。

[9] 刘昕：《经折装绘本创作研究与实践》，湖南大学2019年硕士

论文。

[10] 侯富芳：《"经折装"辨析》，《图书馆理论与实践》，
2013年第9期。

[11] 李致忠：《中国书史研究中的一些问题——古书经折装、梵
夹装、旋风装考辨》，《文献》，1986年第2期。

[12] 徐嘉武：《蝴蝶装与宋代民间刻书业的发展》，《民艺》，
2021年第4期。

[13] 徐熙曼：《蝴蝶装之研究》，中国社会科学院研究生院2020
年硕士论文。

[14] 刘彦宏：《古代线装形式在现代书籍设计中的创新与应
用》，曲阜师范大学2020年硕士论文。

[15] 王晓娜：《传统线装书在现代的设计与表达研究》，山东艺
术学院2020年硕士论文。

第二章

[1] 毛德宝：《装帧设计》，东南大学出版社2008年版。

[2] 孟卫东：《书籍装帧》，安徽美术出版社2007年版。

[3] 邱陵：《书籍装帧艺术简史》，黑龙江人民出版社1984年版。

[4] 陈瑞林：《中国现代艺术设计史》，湖南科学技术出版社2003
年版。

[5] 罗小华：《中国近代书籍装帧》，人民美术出版社1990年版。

[6] 陈红彦：《中国版本文化丛书之〈元本〉》，江苏古籍出版社
2002年版。

[7] 邓中和：《书籍装帧创意设计》，中国青年出版社2004年版。

[8] 冯友兰：《中国哲学简史》，北京大学出版社1996年版。

[9] 卞卡：《基于"天人合一"思想背景下的现代书籍设计》，中
原工学院2013年硕士论文。

[10] 邱晓亮：《论中国书籍装帧艺术中的〈易〉学文化传统》，
北京印刷学院2007年硕士论文。

[11] 张治：《关于中国书籍装帧中"书卷气"的研究》，西北大
学2006年硕士论文。

[12] 苗蕾：《传统图形符号在书籍装帧设计中的应用探究》，安
徽工程大学2014年硕士论文。

[13] 赵迪：《中国现代书籍装帧形态变异的审美取向研究》，哈尔滨师范大学2011年硕士论文。

[14] 龚旭萍：《中国20世纪前叶书籍设计的审美形态研究》，中国美术学院2008年硕士论文。

[15] 陈希婷：《论"材美工巧"的设计思想在当代书籍装帧设计中的应用研究》，景德镇陶瓷大学2019年硕士论文。

第三章

[1] 汤海汛：《美学文化影响下中国书籍装帧设计风格的流变》，《艺术品鉴》，2019年第18期。

[2] 陈希婷：《论"材美工巧"的设计思想在当代书籍装帧设计中的应用研究》，景德镇陶瓷大学2019年硕士论文。

[3] 郑伊玲：《"美的追求"——闻一多书籍装帧设计研究》，北京印刷学院2019年硕士论文。

[4] 刘花弟：《新时期中国平面设计教育课程与教学发展研究》，南京艺术学院2016年博士论文。

[5] 姚俊：《书籍装帧在美学形式中的设计探究》，《出版广角》，2016年第2期。

[6] 何静：《吕敬人与杉浦康平书籍装帧设计比较研究》，河南师范大学2016年硕士论文。

[7] 张柏林：《书籍装帧设计中的情感诉求》，齐鲁工业大学2015年硕士论文。

[8] 张继迎：《自由版式设计在书籍装帧中的表现》，《现代装饰（理论）》，2015年第2期。

[9] 苗蕾：《传统图形符号在书籍装帧设计中的应用探究》，安徽工程大学2014年硕士论文。

[10] 张颖：《浅谈书籍装帧版式设计中的留白》，《青春岁月》，2013年第22期。

[11] 徐赫楠：《格式塔心理学在书籍装帧设计中的理论价值》，东北师范大学2013年硕士论文。

[12] 许琛：《邱陵书籍装帧艺术研究》，中国艺术研究院2013年硕士论文。

[13] 陈晓燕，李碧茹：《书籍装帧封面设计的色彩美学》，《出

版广角》，2013年第4期。

[14] 务海涛：《从当代书籍装帧设计看色彩的审美表现》，《美与时代（上）》，2012年第12期。

[15] 赵莹：《虚空间在书籍设计中的应用研究》，河北科技大学2012年硕士论文。

第四章

[1] 刘红，杨林：《儿童类书籍封面装帧设计的构成要素分析》，《前沿》，2013年第14期。

[2] 贺媚芳，林军：《论儿童类书籍设计中的审美观》，《艺术品鉴》，2018年第26期。

[3] 王洋：《浅析儿童书籍装帧设计》，《文艺生活·文海艺苑》，2011年第4期。

[4] 罗禹哲：《自然类科普书籍设计研究——以〈DK儿童太空百科全书〉为例》，四川美术学院2019年硕士论文。

[5] 毕冉，李湘媛：《科普类立体书设计中的趣味性研究》，《设计》，2020年第10期。

[6] 于文强：《文学类书籍设计的情境表达》，东北师范大学2017年硕士论文。

[7] 刘雨秧：《论意境创作理念在文学书籍封面设计中的运用》，《中国包装工业》，2013年第10期。

[8] 龙晨晨：《探析民国时期文学书籍设计的新思路》，《设计》，2020年第9期。

[9] 程建：《基于情感体验的艺术类书籍形态设计研究》，燕山大学2020年硕士论文。

[10] 刘晓敏：《教辅类图书封面设计要素分析》，《包装世界》，2016年第1期。

[11] 孔国庆：《论学术期刊装帧设计中的意境美》，《出版发行研究》，2012年第11期。

[12] 余文莉：《书籍装帧的色彩运用研究》，《新闻战线》，2019年第8期。

[13] 张艳萍：《书籍装帧设计中的色彩语言分析》，《大众文艺（学术版）》，2016年第8期。

[14] 李雨桐：《浅谈色彩在书籍装帧中的作用》，《人文之友》，2018年第2期。

[15] 黄玲：《儿童书籍装帧设计的色彩表现》，《现代装饰（理论）》，2014年第6期。

第五章

[1] 曾姗：《书籍设计五感研究》，山西师范大学2013年硕士论文。

[2] 谭惠：《书籍设计形态中的五感特性塑造》，《美术教育研究》，2017年第20期。

[3] 钟梦玲：《书籍五感设计研究与实践——以〈拈花二十四品〉为例》，苏州科技大学2019年硕士论文。

[4] 赵美璐：《书籍设计中五感之美的整体塑造》，《赤子》，2018年第3期。

[5] 黄凤仪，吴卫：《吕敬人现代书籍设计中的整体设计观》，《艺海》，2017年第9期。

[6] 徐春艳：《嗅觉感知在书籍设计中的应用体验》，山东工艺美术学院2013年硕士论文。

[7] 梁伟：《书籍设计："五感"创意与体验》，《中国出版》，2017年第23期。

[8] 满莎莎：《浅论市场营销理念中的书籍装帧设计》，《编辑学刊》，2017年第6期。

[9] 方舒弘：《从认知的角度论书籍整体设计》，《美术教育研究》，2013年第21期。

[10] 杨扬：《谈图书编辑在书籍整体设计中的作用》，《卷宗》，2020年第2期。

[11] 胡小梅：《论书籍的整体设计》，《传播与版权》，2020年第1期。

[12] 苏林静：《新媒体语境下的书籍创新设计研究》，《大观》，2020年第8期。

[13] 杜秋磊，罗春宇：《书籍装帧的概念化创新设计》，《长春大学学报》，2020年第3期。

[14] 李思琦：《新形势下对书籍装帧设计的创新性研究》，《长

春大学学报》，2020年第3期。

[15] 于湘怡：《浅析媒介变迁与图书出版》，《市场观察》，
2020年第7期。

[16] 肖东发：《中国印刷图书文化的起源（上）》，《出版科
学》，2000年第1期。

[17] 肖东发：《中国印刷图书文化的起源（下）》，《出版科
学》，2000年第2期。

第六章

[1] 陈宁：《"拿来"与创新——对〈鲁迅装帧系年〉中鲁迅书籍
装帧艺术的思考》，《书画世界》，2019年第6期。

[2] 吕益冉：《浅谈鲁迅先生的书籍装帧设计艺术》，《文艺生
活·文艺理论》，2017年第1期。

[3] 杜瑶：《鲁迅设计观探析》，齐鲁工业大学2019年硕士论文。

[4] 罗英：《钱君匋书籍装帧设计作品的现代性研究》，江西师范
大学2018年硕士论文。

[5] 林炜：《钱君匋与装帧设计》，《上海采风》，2015年第4期。

[6] 王蔚：《20世纪初陶元庆的书籍插画艺术特征探析》，《大众
文艺》，2013年第10期。

[7] 魏晓敏：《司徒乔绘画艺术的现实关怀和语言变迁》，《美与
时代：美学（下）》，2010年第8期。

[8] 钱可：《丰子恺漫画中的"儿童视角"研究》，安徽师范大学
2018年硕士论文。

[9] 沃珂瑶：《"简"在丰子恺书籍封面中的设计研究》，《今传
媒》，2020年第5期。

[10] 杨兵：《继承与革新——论张仃的艺术实践与批评》，《美
与时代：美术学刊（中）》，2021年11期。

[11] 刘树宗：《论山水画焦墨技法的产生和发展》，陕西师范大
学2012年硕士论文。

[12] 龚旭萍：《中国20世纪前叶书籍设计的审美形态研究》，中
国美术学院2008年硕士论文。

[13] 万宇《"画书皮子的"诗人曹辛之——从曹辛之的书籍装帧

艺术说开去》，《博览群书》，2004年第1期。

[14] 李振荣，卢宁：《当代装帧家的道与技——曹辛之、张守义书籍装帧比较研究》，《现代出版》，2016年第5期。

[15] 刘垚，文牧江：《探析朱赢椿在书籍装帧设计中的创新思维与工匠精神》，《大观（论坛）》，2019年第6期。

第七章

[1] 李刚：《中国书画与全球多元文化背景下的书籍装帧设计》，湖南科技大学2010年硕士论文。

[2] 刘文富：《全球化背景下的网络社会》，贵州人民出版社，2001年版。

[3] 郭晖：《探析互联网思维下书籍装帧设计的时代特征》，《文艺生活·文艺理论》，2016年第11期。

[4] 顾艺：《浅谈新媒体时代书籍装帧设计新趋势——评〈书籍装帧艺术设计〉》，《中国造纸》，2019年第11期。

[5] 张雪梅：《浅析书籍装帧设计的时代特征》，《艺术与设计（理论版）》，2016年第7期。

[6] 程跃：《探析电子出版时代下书籍装帧设计的转变形式》，《工业设计》，2020年第10期。

[7] 王蓉：《解构碎片化时代下书籍装帧设计的物化观》，《编辑之友》，2015年第2期。

[8] 任福成，房丹：《浅谈书籍装帧设计中的文化观》，《美术大观》，2007年第6期。

[9] 石红波：《电子图书的视觉表现研究》，东北师范大学2017年硕士论文。

[10] 肖洒：《浅谈书籍设计新趋势电子书设计》，《大众文艺（学术版）》，2011年第16期。

[11] 张媛：《纸媒书与电子书的设计思考》，《文艺生活·文艺理论》，2018年第12期。

[12] 王金平：《浅析新媒体形式下的电子书装帧设计》，《散文百家（新语文活页）》，2017年第2期。

[13] 吴志菲：《"毛边书"渐成收藏界的新宠》，《档案》，2012年第3期。

[14] 邓彦：《毛边本略谈》，《云梦学刊》，2009年第1期。

[15] 周婧，林怡：《个性定制图书的创新研究》，《大众文艺（学术版）》，2017年第1期。

[16] 黄爽亮：《魅力源于个性——论书籍装帧设计的个性》，《出版广角》，2019年第2期。

[17] 黄粤榕：《美术设计在书籍装帧设计中的应用》，《印刷世界》，2013年第6期。

[18] 刘运来：《"设计"与"编辑"并重：出版转型期美术编辑的观念转向》，《现代出版》，2011年第6期。

[19] 赫菲：《新媒体时代美术编辑的编辑力分析》，《科技传播》，2017年第3期。

[20] 马俊：《浅析书籍装帧应用的新材料》，《中华少年》，2016年第6期。